家庭管理心理学

鞠强 著

复旦大學出版社

内容简介

俗话说,"清官难断家务事",那是因为此"清官"对管理心理学不甚了解。本书从管理心理学的角度详细分析、阐述了家庭生活中的常见误区,并给出了具体的解决方法,找出了导致许多难解的家庭问题背后的心理原因。

本书主要关注家庭管理的五大领域:

在亲子教育领域,作者详细介绍了亲子教育总原则、亲子教育误区、提升孩子学习的关键、子女早恋管理、亲子激励与纠偏、单亲子女心理保健、劝说逆反孩子心理技术、小孩经常威胁父母要离家出走怎么办、幼儿园小学的选择决策、影响当下青少年人生幸福的常见误区等。

在夫妻关系领域,作者详细介绍了夫妻冲突管理模型、婚姻与原生家庭的关系、丈夫破坏婚姻的误区、妻子破坏婚姻的误区、单亲子女婚姻误区、不孕不育的心理原因等,以及具体的应对技术。

在与老年人的关系处理领域,作者详细介绍了老年人的心理特征、老年人家庭生活误区、孝养老年父母的原则、婆媳矛盾的心理实质与误区及应对方法等。

在生活中的心理学领域,作者详细介绍了建设亲戚关系的原则、家庭理财常见误区、人生职业规划、"升米恩斗米仇"的心理分析、亲友借钱管理三大关键、抑郁症的心理解释与治疗等。

在负面人格领域,作者详细介绍了会对家庭及个人产生严重负面影响的人格类型,包括回避型人格、指责型人格、(无才)控制型人格、计较型人格、钻牛角尖型人格、面子至上人格等。

以上这些问题是绝大多数有家庭的读者都会遇到的,本书将带您拨开云雾看清本质。这是一本不可多得的、实用性极强的书籍。同时,本书内容也是作者教授自己学生的必修课之一。

前言

　　中华民族历来非常重视家庭、重视亲情，甚至把国家仅仅当作家庭的放大版，比如皇帝又叫君父，百姓又叫子民。各类组织的文化中也有类似家庭的放大版，比如水浒传里面描绘的一百单八将的关系，就非常像一个大家庭，因此中国人对家庭的重视程度在世界上名列前茅。每年大年三十的晚上，无论多远、多么艰难，多数人都会力图共聚一家，那种举国大迁徙的宏大场面，是他国难以见到的。家庭对中国人而言，太重要了！

　　如今的中国已经脱离了穷困的时代，物质需求极大地得到了满足，全民也从追求吃饱穿暖转变为追求精神上的愉悦和满足。在家庭中，我们绝大多数人都希望全家上下能够和谐、幸福地生活。理想是美好的，但笔者在接触了大量心理咨询案例后发现，想要让全家生活幸福，并非一件容易的事情。一个家庭，中年人是顶梁柱，以夫妻二人为核心，上有老人需要赡养，下有孩子需要抚养，中有夫妻关系需要处理，亲戚朋友之间需要不断往来，工作与生活之间需要有所平衡——所有这些，都可能爆发矛盾冲突，破坏家庭幸福。

　　许多人发现中国已经进入了这样一个时代：许多家庭通过挣更多的钱提高幸福指数之路已经走不通了。因为钱够用而生活痛苦的家庭比比皆是。

　　管理家庭的各个环节，需要高超的技巧，特别是需要心理学知识，但我们多数人是凭经验处理，或者是不知不觉地模仿父母的处理方法，或者不顾个性以及特殊情况在从众心理下，随大流处理，产生了许多痛苦的家庭。

　　比如如何做父母，不论对个人而言还是对社会而言，都是世界上最最重要的事情之一，他们却是不需要培训便自动上岗的，也不需要执照。而许多不合格的父母因此养育出了有厌学、网瘾、抑郁症、强迫症、焦虑症、不孝、违法、犯纪、攀比、拖拉、物化、极度自私、过高逆反、社交困难、过早恋爱、指责型人格、钻牛角尖型人格、回避型人格、面子至上型人格、计较型人格、恶性控制人格、焦点负面型人格等各类问题的孩子。而心理学界早已达成共识，孩子的问题主要是父母造成的，所以父母的责任何其重大！

也许有一天，哪一个国家首先立法规定，要做父母必须先学习，考取执照，才有资格生孩子，那么，这对社会的进步将会起巨大的作用。

立法过于遥远，而著书是现实的，所以笔者认为，有必要使用通俗的语言，以心理学为基础，系统地阐明如何使得家庭的每个成员都活得更加开心与幸福，于是本书应运而生。本书涵盖了家庭管理心理学的基础理论、亲子关系、婚姻关系、老年人关系、生活中的心理学、负面人格批判六章，全面阐述了科学的家庭管理之道。笔者的目标是让本书理论普及社会，自认为已经做到了文字通俗易懂，但很可能还是需要一定的文化程度才能准确地理解本书的含义。在本书出版前夕，我们举行了小范围的试读。期间还是有部分读者反映个别的内容看不太懂，但笔者只能做到如此了，最终效果如何，只能交给市场来判断了。

笔者的初心是，仔细阅读本书并践行其中阐述的心理学理论及方法，可帮助读者拥有更和谐的家庭关系，让读者拥有更幸福的人生。然而，家庭管理所涉之广，非本书可以全部概括，本着急用先学的原则，本书只作提纲挈领之用，论述的是最重要的问题，以后再版时会继续充实相关内容。

本书和其他书的不同之处在于：它不是道德层面的说教，而是方法论；它不是一般的人生经验，而是以心理学为基础的家庭管理技术；它不是仅仅指出目标，而且提供了具体的解决方案。

笔者衷心地希望各位读者在阅读本书之后能将书中提到的方法和技巧应用于生活的实践，并在使用的过程中认识到许多家庭问题的背后都掩藏着心理因素，使自己和家人都拥有更和谐、幸福的人生！

鞠 强

2020 年 5 月

目录

第一章 家庭管理心理学基础理论

导言:

　　本章是本书的基础理论,跳过本章直接看第二章也可以有很大收获,但理解会不透彻,看过第二章或者第三章以后,还须回头认真看本章。笔者强烈推荐从第一章开始学习,效果更好。

　　另外,在阅读本书时,自我反省是非常关键的,但人的自我反省能力是不够的。本书作为课程,已经讲了许多年,多年的经验表明,几个家庭合在一起共同学习,每周学一章,效果最好;夫妻两人共同学习,也比一人学习效果好。另外,读者可以本书为教材,与他人一起交流学习心得也是一个非常好的改变自己的办法。

第一节　破坏家庭和谐首因：凡事都要讲对错

生活中不必事事讲道理

芸芸众生，烦恼丛生，苦人众多，其中有一个大麻烦，就是他们纠结于对错之中。他们认为凡事都有对错，凡事有个理，还自诩"我是一个讲道理的人"。

于是，无数夫妻为了"热水瓶放在哪里"吵得天翻地覆，为了"家里装潢，墙上刷什么颜色"争得面红耳赤，为了"今天吃什么饭"闹得不可开交，为了"毛巾怎么挂"弄得口干舌燥，为了"哪种衣服好看"辩得彻夜难眠……真是痛苦不堪，让人心力交瘁！

问题是，真的凡事都有个道理吗？

如果把"墙上刷什么颜色"这个问题全世界投票，你会发现根本不存在约定俗成的对错标准；如果把"热水瓶放到哪里"这个问题全世界投票，你会发现也根本不存在约定俗成的对错标准。

生活中绝大多数事就根本不存在"道理"两个字，大多数事情无所谓对，也无所谓错。要本着"东也对，西也对，南也对，北也对，生活中基本上都是对"这样一种态度生活，谁先做谁就对，不装潢的少干预装潢一方的对错，不烧开水的少干预热水瓶放的位置……这样生活才能和谐、幸福、快乐！

从事心理学专业的人都知道：人们无论做好事还是做坏事，都喜欢给自己套上一个道德化的高尚的帽子，生活中特别喜欢讲对错的人，常常自诩"我是一个讲道理的人"，或者"我是一个认真的人"，或者"我是一个有原则的人"，实际上，这种人去做心理测量，绝大多数都是自私人格。所谓特别喜欢讲道理，其实

3

就是把自己个性化的喜好当作世界的真理标准，并强迫自己的亲人遵守，以满足自己的喜好，实质是以自己的喜好代替别人的喜好，其本质是自私。

家庭中只要有一个人是这种特别喜欢凡事讲道理的人，就会举家不宁，所有人都痛苦不堪，因为他不是一个人讲道理，是要大家陪着他一起的。当然，他讲道理的对象，主要是他感到关系亲密的人，对外人是不能推广这种道理的，因为他对外人没有安全感，别人不会理睬他。他感到安全的人，多半是爱他的人，或者对他很好的人，所以，凡事都喜欢讲道理的人，本质上是谁爱他、谁对他好，他就让谁难受。从本质上说，这是一种非常自私的行为。

因此，聪明的做法是，在生活中，"对与错"要以看开、看空为主，不要过分讲究对错。在生活中只存在大是大非，不存在小是小非，小事情无所谓约定俗成的对错标准。比方说，是否要孝养父母，是否要学习，是否不能触犯刑法……这是可以讲对错的，但生活中大部分事不能讲对错；在工作中，正好相反，大部分要讲对错，少部分要模糊。

没有亘古不变的真理

芸芸众生苦人儿，多持偏激思想，凡事非得争个明明白白，越讲对错苦恼越多，其实如果读书多了，经历多了，世界走多了，你就会发现即便是大是大非，也是经常变动的。我们可以回顾中国的历史，来印证对错观念发生的巨变：

200年前，中国最大的对错标准之一是：你是否忠于皇帝。时至今日，封建王朝早已烟消云散，这个对错标准也消失了！

150年前，中国政府公费向西方派留学生，而当时的社会主流观念是：学习儒学才是正确的，学习西方学问是卖国并且是低贱的，富家子弟都不愿报考，报考的都是无处求学的穷人子弟。今天，出国留学是一件非常荣耀的事情，对错观念发生了巨大的变化！

清末民初引进了西方的电灯，也引发了社会的轩然大波，大家觉得灯不添油，居然可以点亮，其中必有邪气，以现在的观念来看，你会觉得非常的荒唐。当时，袁世凯在北京引入自来水，大家都知道：水往低处流。结果大家却发现水居然往高处流，按中国的传统，凡是理解不了的，一律属于中邪了，或者妖术，或者有邪气、有妖气，于是北京市民抵制自来水，称其为"洋胰之水"，认为有毒。现在关于自来水的对错观念也发生了巨大的变化。

中国第一条铁路也曾经引发了大众的惊恐，1865年7月，英国商人杜兰德在北京建了一里左右铁路，结果历史记载："京师人诧所未闻，骇为妖物，举国若狂，几致大变！"大家发现没有牛马拉的火车居然会动，必然是邪气无疑。直到北京步军统领率领军队把铁路捣毁，社会才安定。

100年前，民国北洋军阀时代，国家元首职位变得价值很低，原因是国家元首经常被逼下台，军人经常到总统府闹军饷，黎元洪被军人闹军饷闹到被迫下台后曾经发牢骚，他大概的意思是说：谁劝我当总统，谁是王八蛋！

在恋爱、婚姻中，也没有一成不变的对与错：

50多年前，男女出轨，是有可能被判刑的，即使不判刑，被工作单位开批斗会是很常见的，甚至开除公职也很常见的。如果按照这个标准来处理男女关系，2020年恐怕监狱会装不下人。

大约30年前，人们谈到结婚恋爱，绝对是指男女结婚恋爱，这是绝对的大是大非问题，自从张国荣从楼上奋力一跃，引起了全国人民的注意，大家才知道原来男的跟男的也可以谈恋爱，女的跟女的也可以谈恋爱。现在西方已经有三十七个国家允许同性恋结婚了。中国心理学界在21世纪初期，就已经承认同性恋犹如左撇子，是一种正常的恋爱形式，这个大是大非的问题也逐渐在改变了。

大约20年前，领结婚证和结婚，肯定是件很严肃的事情，但是2018年上海市80后5年内离婚率已经达到了36%，全国80后5年内离婚率已经达到了29%。有几位数学教授用数据模型预测80后30年内的离婚率，最保守的估计是70%，当然，这件事最好不要被证实。

笔者也亲身经历过类似的观念的转变，比如：

　　我有一位研究生,爱上了一位女生,并拼命狂追这位女生,女生反应冷淡。这位研究生竟然花200元到外面做了一个假的结婚证,把他和女生的照片印在里头,然后找到这位女生对她说:"你知道吗?我导师很神通广大的!"

　　女生答:"我知道的啊!"

　　男研究生:"我已经通过我老师的关系,把我们的结婚证打出来了!"

　　女生大吃一惊,竟然上了当,随后三天,到处去打听如何办理离婚手续。

　　过了三天,这个女生终于回过神来了,觉得应该找我来处理这件事,于是找到我,把这件事情来龙去脉告诉了我。我也大吃一惊,立刻把这个学生找来狂骂。这位女生在旁立刻产生了内疚感,在旁边劝道:"鞠教授,别生气,别生气,他也是出于真心!"这对男女现在已经结了婚,生了两个孩子。

再比如:

　　有一对青年男女领了结婚证,第二天就办婚宴,来了许多宾客,热闹非凡,新娘穿着婚纱款款而出,新郎不小心踩着新娘的婚纱,新娘一个趔趄倒地,新娘是个厉害的角色,站起来后,在光天化日、众目睽睽之下,"啪"地就给老公一个耳光,老公也不是省油的灯,立刻发起神威,一个扫堂腿,就把老婆扫倒了!

　　离婚!立刻离婚!他们马上就办了离婚手续。

还比如:

　　有一对男女青年,去领结婚证,办理结婚证的阿姨看到男青年面色迟疑,不太放心,就叮嘱道:"想清楚了吗?我可是要盖章了!"

　　男青年回答道:"盖吧!"

　　"砰",大红章子盖到结婚证上。

　　男青年拿着结婚证在那里发呆,呆了11分钟,温柔地对办证阿姨说道:"阿姨,我可以把证还给你吗?"

　　阿姨:"这还可以还的?"

男青年:"就一会儿嘛,干吗这么较真!"

于是,两人吵起来,最终阿姨给他指了一条明路,说这里是结婚处,要办离婚到隔壁离婚处去;但离婚处从来没办过这个事,推脱说法律规定,至少要24小时以后才可以办理协议离婚手续。

再还比如:

有法律系的学生,上街提供免费法律公益咨询,有路人咨询道:"同学,离婚要什么条件?"

学生:"你结婚了吗?"

路人:"我结婚了。"

学生:"你已经具备了离婚的条件!"

笔者还发现,80后离婚者得抑郁症的比例反而比他们父母低。很多老人无法接受儿女离婚,他们常有这样的观念:为儿女办婚事是他们人生的最后一件大事。于是,他们倾注了全部的感情与百分之百的财力,忙得天昏地暗,结果儿女离婚了,他们受不了,为此得抑郁症甚至自杀的不少。

怎么办呢? 鞠教授劝告现在的父母:你们可以认真地为儿女办婚事,但不要倾注全部的感情,你们要做好子女可能会离婚的心理准备。怀着这样的崭新理念,柔化自己的观念,降低关于对错的执念,更能应对这个变化的世界。

除了婚恋观,大家的人生观和价值观也在悄然发生着改变。10年前,在复旦大学、上海交通大学、上海财经大学、武汉大学等一线高校,学生是以勤奋为荣的,至少没有公开声称以懒为荣的,这绝对是个大是大非的问题,但在本书第一稿写成的2019年,情况已经大不同了,笔者已经看见某一线高校的学生在学校网站上公然写大标语:

"我们就是懒! 不要和我们比懒! 因为我们懒得跟你比!"

再比如:

7

三年前，女婿上门拜访岳父大人，如果知道岳父大人喜欢喝茶，肯定是送西湖龙井、碧螺春、黄山毛峰、大红袍之类的好茶。笔者有一个同学是会计学教授，他曾满脸绝望地向我讲述了这样一件事：他女儿带男朋友上门，女儿男朋友知道岳父大人喜欢喝茶，热心地、亲切地、恭敬地送上了许多"统一冰红茶"！

笔者劝说这位老同学："看问题不要那么僵化，有什么好气的？会计工作做久了，你是非观念要求太高了，拿个茶壶，弄一小撮茶叶，倒开水泡着，是我们老头干的事！你女儿男朋友这一辈是喝瓶装茶长大的，送统一冰红茶很正常啊！对90后要看得惯，没有什么对不对！对也好不对也好，他们的价值观一定会成为主流价值观，这是不可阻挡的，这是历史规律。老了，要多提醒自己观点要柔化，观点要变动，对年轻人要看得惯。我们年轻时，老一辈不也看不惯我们吗？难道我们就错了吗？好了好了，别气了！"

我们上面举了那么多例子，都曾经是大是大非问题，在这个时代却都在逐渐发生动摇，可见万古不变的纲常、天经地义的准则是很少的，大多数是非标准都是容易变更的，相当部分苦人儿或者有心理问题的人，经常掉到是非观念太重的坑里去，他们顽固地认为：某些事情就必须这么干，没有这么干，就"气死我了"！

过度讲究是非对错有害身心

什么人容易是非观强呢？

首先，父母是非观比较强的，孩子同性别模仿率大约是70%。所谓"同性别模仿"，就是女孩在潜意识中不知不觉拷贝了母亲的观念，男孩在潜意识中不知不觉拷贝了父亲的观念，当然也有例外。

其次，从事会计、审计、质量检验、纪检、法律等领域工作、教学和研究的人，是非观容易过强，当然也有少部分例外。以下是笔者的亲身经历：

我有个女学生，在大型外资企业做审计高管，长期找不到男朋友，因为她是非观太强了,生活中清规戒律太多了,男人受不了,和她一起生活非常压抑。她的生活流程安排可以长达三个月,比如三个月后某月某日,晚上六点至六点四十五到某某店吃牛排,六点四十六至七点一刻步行至某某大剧院看戏,她全都安排好了。她男朋友向笔者抱怨:到了六点四十五,哪怕男朋友正在大嚼牛排,香着呢,这个女同学会往男朋友拿筷子的手上一拍,亲切地说:"亲爱的,到点了,快点放下,走,看戏去!"而且不管这个戏是否好看,安排了,保准儿去看的,哪怕到剧院睡一觉也是一定要去的。

各位读者,你们思考一下,是非观这么强,生活能幸福吗?

另外,理工科出身并从事科研工作的人,是非观强的比例也较高,但笔者的经验是比上一类人略低一点,当然这是经验,不是精确的数据。

那么,从事侦查工作的人是非观强不强呢?我发现从事侦查工作的人,是非观强的人反而不多,大概他们直接接触大量的坏人坏事,所以观点柔化程度提高了。有些公安人员被派往黑社会团伙潜伏侦查,时间久了,不少潜伏人员竟然对黑社会行为的理解程度提高了,走向了另外一个极端——缺乏是非观念,这也会产生许多问题,任务结束后,反而要进行心理干预,强化他的是非对错观念。

在这里笔者要提醒:生活中是非观太弱也是我们所反对的,生活中照样会活得痛苦不堪,严重与社会环境不适应,生活中对是非观太弱的人主要是哪些人呢?主要是那些现在住在监狱里的人!

幸福感和是非观的关系是抛物线关系,如图1-1所示:

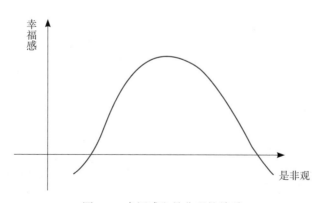

图1-1　幸福感和是非观的关系

是非观还存在于如何对待他人和如何对待自己的问题上：

对他人是非对错要求高,对自己要求低,会让周边亲友非常痛苦,人际关系质量差,社会支持系统力量弱,个体自己也很痛苦,人们常俗称他们是样样看不惯、较真、心眼小、钻牛角尖、心胸狭窄、一根筋、倔驴、为人刻薄。这些民间用词都是定义模糊的,所以各地说法不同。这类人很容易产生各类心身疾病。

单纯对自己的是非对错要求高,这也是很痛苦的,人们常俗称他们是完美主义、强迫症、好人、特别认真、敬业精神高,极端的叫圣人。这类人也很容易产生各类心身疾病。

还有一类人,对他人的是非对错要求很高,对自己的是非对错要求也很严格,他们也可以用上述所有的词来形容,他们也特别容易产生各类心身疾病。

让我们最后复习一下,如何成为一个幸福的人呢?

● 在工作中以讲究对错为主,无对错为辅,即工作中主有对错;

● 在生活中以不讲对错为主,有对错为辅,即生活中主无对错。

也就是说,在生活中"对与错"的问题,要以看淡、看空为主,判断对错为次,在生活中只存在大是大非,不存在小是小非,小事情没有约定俗成的对错标准,要本着"东也对,西也对,南也对,北也对,对对对,基本上都是对,谁先做谁就对"的原则生活。

第二节　理解心理现象的关键：潜意识

初 识 潜 意 识

潜意识是弗洛伊德提出的理论，在世界有巨大的影响力，但在学术界存在巨大的争议，主要是学术界认为弗洛伊德夸大了性本能的作用，同时认为弗洛伊德关于梦的解析有很大的随意性。对于上面两点，笔者也是十分同意的，但潜意识现象是客观存在的，而且笔者经过长期的管理心理学学术研究以及实践后确认：潜意识是理解心理现象的关键。

当然，本书讲的潜意识理论和弗洛伊德的已经有了很大的不同，你可以理解为笔者独有的理解。潜意识的定义也有几十种，众说纷纭，当然这种众说纷纭是社会科学领域的正常现象，政治学、经济学、军事学、社会学、管理学等领域都是众说纷纭、各抒己见的。本书是为了解决实际问题，不是做基础理论争论，列出几十种争议是没有必要的，为便于沟通和学习，我们选择一种笔者认可的定义，如下所示。

潜意识：就是影响人的心理、认知、情绪、行为，但自己不知道的心理活动。

潜意识的功能包含：控制或者影响基本生理功能，如心跳、呼吸、血压高低、血糖水平、肠胃蠕动速度、新陈代谢快慢，包括白细胞生产速度在内的免疫力升降、脑动脉的扩张收缩、副交感神经功能的强弱、汗腺的分泌等；特别是控制或者影响情绪反应、记忆、习惯性行为、说话时的舌头口腔配合，无意中的肢体动作,创造梦境、直觉、默契记忆等;决定人的基本行为模式,或者说决定人的总体心理反应方式;决定人的性格或者人格特征,如内向外向、悲观乐观、归因朝内朝外、行动人格还是回避人格等人格特征,诸如我们日常生活中所说的人的本性、本质或者灵魂等。

> **意识:**指我们自己知道的理性行为的心理活动,包括但不限于感觉、知觉、记忆、有意动作、逻辑、分析、计划、计算等。

谈及潜意识是不可以说"我觉得什么是对的",或者说"我觉得什么是不对的"。因为当个体在说"我觉得"时,实际是在表达自己的意识而不是潜意识。潜意识是个人难以察觉的。

潜意识有基因带来的,也有后天形成的,后天形成的潜意识主要是在青少年时代,成年人形成新的潜意识也是有的,但比较少。

分析潜意识的工具有催眠潜意识分析、房树人图画潜意识分析、沙盘潜意识分析、笔迹潜意识分析、无意识肢体动作潜意识分析、罗夏墨迹潜意识分析等。

"一见钟情"就是潜意识现象,潜意识中早有喜欢对方的形象或者气味或者其他特征的信息,只是自己不知道,比如对方有局部形象或者气味像你早年的邻居大哥哥大姐姐、父亲母亲、老师等,而这些人又给你带来了正面的情绪体验,比如对你很好,这些信息都存入了潜意识,因此你遇到合适的对象,就一见钟情了。一见钟情的人常常觉得自己说不清为什么会狂热地爱上对方。

一见就讨厌,也是潜意识在起作用,比如你在上小学时遇见了一个很不对眼的班主任,经常公开批评你,你的情绪体验极其负面,再加上可能这个老师鼻子很大,你成年后,就很可能会不知不觉讨厌鼻子大的人。

耐克运动鞋为什么会畅销? 有可能是因为绝大多数人小时候的成绩没有名列前茅,经常得到很多"×",而不是"√",潜意识里埋下了对"√"的强烈追求,成年后自己也不知道为什么,就喜欢耐克。因为耐克的商标就是一个"√"。当然我们知道任何一个社会科学领域都是百家争鸣的,关于耐克畅销的这个说法,也是有争议的,不过笔者倾向于认可这个结论。

潜意识是如何形成的

潜意识主要来自以下四个方面。

1. 基因里携带的潜意识

比如,在年轻男性中畅销的不少品牌的小车的尾部是圆形丰满的,它满足了男性对另一半的审美观念,当然也有不是这种类型的畅销年轻男性车,也许里头含有更强烈的其他潜意识需求满足。

又比如,人们喜欢熊猫,是因为熊猫的两个黑眼眶显得眼睛很大,就像孩子一样。你注意观察会发现:孩子的眼睛普遍偏大。大眼睛会让人本能地分泌激素,从而产生喜爱的感觉,这样,孩子能获得成人更多的照顾。实际上,熊猫的眼睛本身不大,只是因为眼睛旁边的毛是黑的,看起来像两个大黑眼睛,让熊猫看起来像个可爱的孩子。如果把熊猫大眼眶涂白,你就会觉得熊猫不那么可爱了。

2. 外界反复多次的信息暗示和明示

外界对个体反复多次信息暗示或明示输入,会沉淀在人的潜意识里。特别提醒,青少年时代是形成潜意识的高峰时代,成年后潜意识虽然也是可以改变的,但速度比较慢,难度比较高,潜意识吸收的信息量比较小。

比如,小时候受到更多的安全防范教育,长大以后就对人的疑心病比较重,容易对他人产生戒备心理。

又比如,有统计显示,父母离婚的单亲家庭,他们的子女在成年结婚后,离婚率也高于社会平均数。可能是因为他小时候反复被暗示,离婚也是一种可以接受的生活方式,所以对离婚的接受度偏高,在婚姻遇到挫折的时候,单亲子女比非单亲子女更倾向于选择离婚。

再比如,有一段时间我国的青少年对高中学的矛盾论哲学理解不全面,误认为"凡事充满矛盾",不存在对立和统一。他们就在网上按此想法表现,喜欢骂人、发牢骚、产生对立情绪，容易用对立的观点来看待这个世界，斗争性会比较强。当然，这是有一定概率的，但不是绝对的，全面理解了，就能正确对待。

3. 创伤在潜意识中的沉淀

在早年经历了一些创伤性事件以后，受害者可能并没有遗忘这段历史，只是由于人类心理的保护机制，这些创伤性记忆被压抑到了意识层面以下，变成了潜意识，潜移默化地影响着一个人的行为和情绪。

比如，因为父母一方出轨而导致离婚家庭的孩子，成年后在感情生活中常常对另一半疑心病过重。统计还发现，单亲子女容易早恋，原因可能是家里缺了一个人，有爱的缺乏感，容易产生补偿反应。这都是青少年时代因为创伤形成的潜意识在起作用。

又比如，父母离婚的单亲子女普遍潜意识安全感不足，导致潜意识指挥个体储备粮食，防止粮荒，进食远远超过个体热量需求的食物，所以，有统计显示，单亲子女的平均体重超过了社会平均数。

4. 意识中的矛盾进入潜意识

意识中的某些东西和社会教育或者社会暗示相矛盾，产生纠结与痛苦，这些纠结与痛苦看似消失了，实际上是被大脑移进了潜意识。

比如，社会向我们暗示，有破坏欲是件坏事，所以一个破坏欲比较强的人，就和社会暗示相矛盾，于是，破坏欲就被移进潜意识，矛盾看似消除了。特别喜欢玩保龄球的人，可能潜意识破坏欲就很强，把那整整齐齐的瓶子砸得东倒西歪，感觉很爽，人的意识会真心认为玩保龄球只是为了锻炼身体，或者娱乐，或者其他社会认可的目的，在意识层面，他并不认为自己破坏欲很强，而把破坏欲藏在潜意识里。

特别要说明的是，一个人对外界的总体心理反应模式、性格或者人格特征性质（是内向外向、悲观乐观、归因朝内朝外、行动人格抑或回避人格、胆大还是胆小，思考者还是行动者，等等），是由潜意识决定的，而意识只是增减了这些特征的数量。

请读者思考一下：为什么秦始皇、朱元璋、朱温、张献忠、成吉思汗都大肆杀人或者大杀功臣？为什么刘秀、李世民、赵匡胤都比较宽容？

秦始皇、朱元璋、朱温、张献忠早年都过着动荡不安的生活。秦始皇早年被秦国送到赵国作为人质，导致颠沛流离；朱元璋小时候讨饭，穷到极点；朱温是遗腹子，随老妈在富人家做佣人长大；张献忠长期受人欺压；成吉思汗幼年时代长期受人追杀而东奔西走。他们潜意识中安全感严重不足，所以怀疑心强，杀人多。刘秀、李世民、赵匡胤青少年时代生活条件优越：刘秀是富家子弟，而且是太学生，曾经学习了大量孔孟之道；李世民是贵族出生；赵匡胤出身于将军之家。他们安全感很足，故怀疑心小，比较宽容。

请读者思考一下：为什么中国单亲子女长大后喜欢指责别人？

中国的离婚文化是不成爱人就成仇人，离婚者互相之间频繁过度指责，子女受到大量重复暗示，长大后喜欢指责人，心理学称为归因朝外。其他国家这样的现象就比较少，可能是因为其他国家的离婚文化与我们不同：不能当爱人还可以成为朋友。

请读者思考一下：冒着杀头危险去贪污，况且几亿、几十亿、几百亿元巨款根本用不完，却还去贪污的官员是什么心理？

我查过他们的忏悔书，这些人中大多数都写道："我生长在一个极其贫穷的家庭，我妈临死的时候想吃一个馒头，没有吃上，死了。共产党把我培养成了干部，我本来应该好好报答党的培养，但是，我没有加强马列主义学习，没有加强世界观改造，滑入了贪污受贿的泥坑……"

其实他们贪污和世界观改造关系不大，主要是青少年时代极其贫穷的经历，在潜意识深处留下了创伤，成年后在潜意识的指挥下无法自控地疯狂捞钱，即使冒着杀头的风险也在所不惜。

因此,笔者所管理的很多公司,从来不让青少年时期有极其贫穷经历的人去管钱和从事采购,否则风险相当大,如果让他们去管钱或采购,这也是变相折磨人,他们会整天在内心进行激烈的斗争,贪欲和良知交战是非常痛苦的。

当然,青少年极其贫穷是相对于周边环境而言的,如果大家都很贫穷,创伤反而小了些,成年后贪污倾向会相对下降一些,但是极度贫穷经历总是会造成某些心理创伤的。

请读者思考一下:为什么在中国随母亲长大的单亲家庭女孩,找年龄比自己大很多的对象,或者看起来面相老成的对象的数量,比社会平均数高得多?

女孩潜意识深处有创伤,觉得生活中缺了一个成熟的男人,而且随母亲生活的女孩与父亲来往越少,发生上述现象的概率越大。

请读者思考一下:为什么其父母有指责型人格的领导,特别喜欢下属拍马屁?

这些领导在青少年时代受到父亲或者母亲的过多批评,潜意识自我价值感严重不足,做了领导后,就需要大量的马屁来弥补潜意识深处自我价值感不足。

和这种领导相处,下属要是提出不同意见,就相当危险,领导会不知不觉反应过激,这种反应是无法自控的,如果确实有必要提出不同意见,必须特别注意方式方法,领导才可能采纳不同意见。

特别要注意,情绪是由潜意识主管的,笔者的实践表明,意识层面的调整对情绪的影响比较小。潜意识调整,主要方式之一是催眠,对情绪影响很大。比如,失恋痛苦是情绪问题,所以是潜意识管理的,你对失恋者进行思想教育常常没有用的,你和他说:天涯何处无芳草,何必单恋一枝花?他会说:老师,道理我也懂的,可我就是痛不欲生,我就是难受,控制不了。这是因为思想教育是在意识层面沟通,而不是潜意识层面沟通。催眠,则在调整失恋负面情绪上,很快就会见效,变得精神抖擞,开心乐观。请注意,不是因为催眠忘记了前女友,而是在潜意识层面建立了正确的人生观和爱情观。

在实践中我们会发现,各类心理问题,或多或少有潜意识的问题。

催眠是调整潜意识的有效手段

谈及潜意识,必须谈到调整潜意识最有效的手段——催眠。

催眠是个让人误会的词,这个词是民国时代学者翻译的,后来学术界相沿成习,许多人望文生义地认为催眠是催人入眠的意思,这个误会很大,催眠的本质是潜意识沟通。如果翻译成潜意识沟通,可能更为贴切。当然,和所有社会科学一样,催眠的定义也有百种以上,都大同小异,做文字争论不是本书的目的,我们定义如下。

> **催眠:**仅关闭意识或者一定程度关闭意识,使得潜意识更加开放,治疗师与被催眠者进行潜意识沟通,从而改变错误的潜意识,达到心理调整目的的心理疗法。

催眠可以粗分为两类:被动催眠和自我催眠。

笔者发展出了一套自我催眠技术,看上去有点像太极,但和太极完全不同,针对共性潜意识错误导致的情绪问题,有着极其良好的效果。

笔者在对人实行集体催眠时发现:大约有20%的被催眠者自我感觉是朦胧,80%左右的被催眠者自己感觉睡着了,但实际上没有睡着,还在和我沟通。

催眠是最好的调整情绪问题的方法,笔者几十年来,用过许多方法调整人的情绪,有运动疗法、认知疗法、光照疗法、正念疗法、存在主义心理学……最后偏爱催眠,是因为仅仅就情绪问题而言——不是针对其他心理疾病而言,催眠在调整情绪方面,效果是最好的。

对催眠的认识有六个误区。

误区一:催眠就是睡眠。

睡眠是潜意识与意识双关闭,是无法进行潜意识沟通的;催眠是只关闭意识或者一定程度关闭意识。

误区二：催眠可能醒不来。

催眠不是睡眠，因此根本不存在醒不过来之事，虽然催眠解除一下更好，但不解除会自动消失的，只不过朦胧一会儿。

误区三：催眠以后，催眠师想让被催眠者干什么他就干什么。

这是流传最广的误区，催眠时让被催眠者做对自己不利的事情，这样的指令是无用的，是绝对做不到的。比如，叫他交出银行卡或者手机或者密码是绝对不可能成功的，如果可以做到，那心理学教授们岂不发财太容易了？欧美至少有10万名从事心理学研究的人会催眠，那岂不是天下大乱？

潜意识是你自己的潜意识，当然会保护你自己，就像你的手天然会保护你一样，任何对你不利的指令都不会执行。

误区四：催眠可以让人说出不愿意说的隐私。

这也是个流传很广的误解，如果说出隐私对被催眠者不利，他就不会说，原因和上面一样。催眠时，被催眠者之所以会说出隐私，是因为他知道这些话说出来，就会有利于治疗。

误区五：受教育程度低的人，容易被催眠。

这正好搞反了，总体而言，教育程度越高的人，越容易被催眠。因为这些人的想象力更丰富，对先进科学技术理解力强，所以容易进入催眠状态。当然，假定这个人虽然受教育程度高，但喜欢钻牛角尖，或者老想研究催眠是什么，那么进入催眠状态要难一些。

当今，催眠也存在被人为妖魔化的问题，人们总是觉得这是妖术、邪术。事实上，任何西方先进科学技术或者文明，在引进中国初期时都会被妖魔化。

基督教传入中国初期，被中国老百姓称为"魔教""鬼子教""邪教"，义和团运动盲目排外，其爱国主义的体现是先把中国海军军舰凿洞沉了，割了军用电线，再口念咒语"刀枪不入、刀枪不入"，冒着枪林弹雨往前冲，当然被坚船利炮打得大败，很快溃散了。

中国广大人民群众有这样一个传统：凡是不理解的前沿科学技术，就懒得去理解，一概简单地扣上邪气、邪术，迷信，一切就结了。反而，经常把迷信当科学，比如相信绿豆能包治百病。回想计算机技术刚引入中国时，也被认为是胡说，广大人民群众死也不相信机器比人脑计算快，推广这些技术的专业人员经常被认为是骗子，马云早期谈互联网史，也被人认为是骗子，有的人还被扣上封建迷信的"光荣称号"。

现在催眠技术刚传入中国十余年，是有个被妖魔化和慢慢去妖魔化的过程的，所以文化程度越高，催眠效果越好，也是这个原因，比如对博士学历的人催眠，容易产生惊人的效果。

误区六：催眠是万能的。

催眠经常被误会可以用于解决精神分裂症、提高智商、同性恋转化为异性恋（心理学认为同性恋是正常的），其实是没有效果的。

但是，催眠可以用在解决各类情绪问题方面，包括但不限于：失恋情绪问题、离婚情绪问题、感情纠葛产生的情绪问题、失业情绪问题、考试紧张情绪问题、失败情绪问题，等等；可以缓解或者解决网瘾、厌学、逃学、烟瘾、酒瘾、赌瘾、自杀倾向、抑郁症、焦虑症、强迫症、学习态度差、工作态度差、生活态度差及一切对个体有害的问题；可以解决或者缓解心身疾病，即心理和生理共同导致的疾病，比如慢性肠炎、慢性胃溃疡、皮肤瘙痒、心因性阳痿、糖尿病、高血压、顽固性头痛、心因性肥胖（这类肥胖占肥胖原因中的大部分）、部分免疫力过剩导致的紫癜、免疫力低下导致的炎症、类风湿性关节炎、甲状腺结节、心因性虚汗、失眠等；还可以用于癌症心理干预，解除恐惧，延长寿命、缓解癌痛、减少癌症化疗反应；也可以降低饿感，加速新陈代谢、提高白细胞淋巴数量、迅速缓解感冒症状等。

意识的检阅作用

谈到这里，我还要介绍一下，意识的一个重要功能：检阅作用。

所谓意识的检阅作用有两个。

第一个功能，好比意识就是门卫，意识会自动检查外部输入的信息，决定接纳它还是放过它，进入人的潜意识，还是把它彻底赶出去。比如，领导号召员工要爱岗敬业，在表面上员工都是点头认可的，在实际上大部分员工脑子里的意识检阅功能在发动，他们大多数人检阅的结果是：领导的这些话是胡说，目的是诱骗我们为他升官发财卖命,结果这些敬业教育信息都被堵在潜意识的大门之外,根本没有进入员工的潜意识,毫无作用。当然,表面上他们装作认可,但这种企业文化教育没有用处。所以,高明的领导都是要先削弱下属的意识检阅作用,再进行组织文化教育,当然这不是本书的主题,会在笔者其他管理心理学著作中详细介绍。

第二个功能,好比意识是门卫兼化妆师,对潜意识冒出来的信息进行检查,符合社会意识形态的就放出去,不符合社会意识形态的禁止,或者经过“化妆”美化以后才允许放出来。比如,喜欢打保龄球是满足了破坏欲,意识检阅作用检查的结果是“不符合社会意识形态”,于是就对这个信息进行化妆,变成了“打保龄球”是为了锻炼身体,或者变成了“打保龄球”是为了交际活动……总之,把潜意识“化妆”成了社会意识形态赞许的想法。注意,这种对潜意识信息外出的检查和“化妆”,个体在意识层面是不知道的,是不知不觉,潜移默化的。

重复内化也能够调整潜意识

如果不用催眠的手法,可以调整和改变人的潜意识吗?办法是有的,但是工程量非常浩大,要重复几千甚至上万次,主要是重复内化的方法。

内化: 外部的价值观被人高度接受进入人的潜意识并形成稳定的思想观念的过程。

心理学研究表明,重复的信息输入有助于观念的内化。重复的、多渠道、多方式的信息输入更加有助于观念的内化。

信息输入的渠道主要有五种:听、说、写、看、做。

听: 通过声音接受外部信息以达到观念内化。这种听,可以是老师讲课,可以是看电视、听收音机,也可以是听父母唠叨,大量的“听”可以改变人的潜意识,形成观念内化。比如,怀疑程度比其他人高的人,其主要原因就是“听”的结果,因为他们在成长过程中,会受到大量的父母防范意识的教育,小心上当呀、小心吃亏呀、坏人很多呀等之类父母的唠叨,虽然他们听得很烦,但实际进入了潜意识,这种防范意识教育的强度要远远超过其他教育的强度,所以成人以后,比较容易怀疑别人。

说：个体在说话的同时，也强化了自己的意识。比如，教师的总体道德水平比其他职业的平均水平高，就是因为教师需要为人师表，经常教育别人，在教育别人的同时也强化了自己的道德意识。

写：让个体抄写规定的内容以达到观念内化。比如，笔者曾经给一群企业领导上口才训练课，有少部分人属于"土包子"型，只能在其管辖的下属面前侃侃而谈，一到当众演讲就结结巴巴。究其原因，原来他们潜意识深处都有这样一个观念："他人的评价很重要。"一般而言，越重视他人评价的人，当众讲话就越慌张。笔者就让他们抄写一句话："他人的评价不重要，我不是为别人的嘴皮子而活。"笔者让他们抄两万遍，直到大部分人晚上做梦都是这句话。两万遍抄完之后，效果立竿见影：很多人当众讲话再也不紧张了。注意，没有两万遍是起不了效果的。

看：通过文字图形接受外部信息，以达到观念内化。比如，和尚读经读多了，就会观念内化，进而影响情绪。比如，佛经中认为：劫难是报应，故有"是劫逃不过，逃过不是劫"的说法，假设一和尚背巨额现钞在宾馆睡觉，又假设另一普通人背巨额现钞在宾馆睡觉，他们两人的反应可能截然不同，普通人可能辗转难安，担心钱钞被盗，而和尚可能呼呼入睡，因为和尚认为"是劫逃不过，逃过不是劫"，该被偷掉的钱，看着也一定会被偷掉，不该被偷掉的钱，不管它也不会被偷。

做：通过动作来调整个体内心深处的意识以达到观念内化。现代心理学研究表明特定的动作会造成心理暗示，从而引发观念的变化或程度加深。比如，笔者的一个学生自卑感非常强，有社交恐惧症，笔者就让其每天站在学生公寓的阳台上对着过往的行人做挥手致意的动作。连续做三个月，这位同学就变得神采奕奕，举手投足之间充满领导风范，充满了自信，社交恐惧症消失了；又比如，人们开心的时候会不知不觉微笑，反过来，假装微笑也可以调整自己的心情，如果你不开心了，你使劲把嘴咧开笑，坚持20分钟，你就会发现你的心情有些改变了。当然，阴阳至极而换，走到了极端，事物可能走向反面或者解体，如果你的微笑是出于职业，整天强颜欢笑，过度了，反而会不开心的。

心理学流派有上百种，百家争鸣，这在社会科学领域非常正常。主流是三大派，即潜意识心理学、行为主义心理学、人本主义心理学，都有道理，尤其是潜意识心理学，是理解心理现象的一个关键工具之一，对理解本书内容尤其重要。

第三节 行为主义心理学：强化理论

认识斯金纳强化理论

心理学的三大主要流派中，行为主义心理学是其中之一，它研究的重点是外在的、客观的、可测量、可观察的行为，它反对潜意识学派（即精神分析学派）的理论，认为潜意识是不可观察的，因而是不可证实的，行为主义心理学又有很多分支，其中典型的是斯金纳的强化理论。

在心理学基础理论领域，呈现的是百家争鸣的局面，本书的任务不是参与基础心理学争论，而是将其进行实际应用。所以，本书对心理学的三个主流学派——精神分析学派、行为主义心理学派、人本主义学派的精华理论兼收并蓄，纠正青少年儿童不良行为，笔者主要运用行为心理学的理论。其中，斯金纳的强化理论最为实用，强化理论的核心是强化或惩罚，塑造了人的稳定行为与情绪，现用通俗语言简述如下。

强化：当个体出现某种行为和情绪时，获得了好处或者远离了厌恶的事物，就会使这种行为或情绪趋向于重复。这种趋向，并不代表该重复一定出现，但有向这个方向发展的趋势，这就称为强化。"获得了好处"被称为正强化，"远离了厌恶的事物"被称为负强化。

惩罚：当个体出现某种行为和情绪时，获得了坏处或者远离了喜爱的事物，就会使这种行为或情绪趋向于抑制。这种趋向，并不代表该抑制一定出现，但有向这个方向发展的趋势,这就称为惩罚。"获得了坏处"被称为正惩罚,"远离了喜爱的事物"被称为负惩罚。

上述的好处与坏处、厌恶与喜爱的事物,既包含物质的,也包含心理的。

强化与惩罚两项加起来,称为强化理论。

比如,为什么我们会坐着听课? 行为主义心理学认为:我们不是天生喜欢坐着听课的,是被强化或惩罚引导的。其实刚入学的幼儿园和一年级的小学生,经常会听一会儿课就站起来晃荡,这样是更舒服的。成人为什么不边听课边散步呢? 因为小时候这样做会挨打挨骂,而坐着听课受到了鼓励,于是大家慢慢地都变成坐着听课了,也就是说:坐着听课是强化惩罚导致的,不是天生的。

再比如,为什么有的孩子特别喜欢哭,大大超过社会平均水平? 为什么独生子女普遍比我们有兄弟姐妹的上一代更爱哭? 孩子哭是正常的,应该允许孩子哭,但哭得特别厉害就有问题。不愿上学就哭,不给买东西就哭,不顺心也哭……哭得呼天抢地,这样的孩子行为背后都有一个把强化、惩罚搞反了的父母和长辈,或者是特别溺爱孩子的父母和长辈。也就是说,孩子通过哭得到了许多好处,独生子女一哭,爸爸妈妈、爷爷奶奶、外公外婆、叔叔阿姨、舅舅姑姑、保姆抢着抱,立刻答应给钱给物、给吃给喝、给玩给出游的无理要求,于是孩子产生了一个概念:哭的好处太多了! 按行为主义心理学的观点,哭得到极大的强化! 所以,独生子女比上一代更爱哭。

特别要提醒,孩子在社会平均水平之下的哭是正常的,孩子只能用哭来表达自己的要求,绝对不能去抑制,而应该给予爱和安抚。只是极端爱哭的孩子,父母长辈要反思自己的问题,要学会正确地运用强化、惩罚。

另外,父母对孩子哭而感到焦虑的心理也可能是对孩子行为的一种强化。很多人不理解,为什么父母的焦虑也会鼓励孩子哭?

因为有的时候,孩子哭是为了惩罚父母,这种现象主要是出现在五岁以上的儿童身上,父母一焦虑,孩子内心深处有不知不觉的满足感,这种满足感也是一种正强化,以后孩子就更爱哭了! 又比如,假定孩子生气了,不吃饭,其目的就是为了惩罚父母,父母的焦虑,就会让孩子产生满足感,极大调动孩子不吃饭惩罚父母的积极性。在这种情况下,父母正确的应对方式是:照常吃喝,喜笑颜开,熟视无睹。

强化与惩罚不当,还会形成许多心身疾病,心理问题经常会演化成生理疾病,常见的有顽固性头痛、皮肤瘙痒症、顽固性胃溃疡、肠易激综合征、高血压、糖尿病、甲状腺类病、心脏病、过度肥胖、乳房增生、不孕不育、风湿类病、代谢类病、红斑狼疮、免疫力低下、肩膀痛、腰痛等不适和疾病。这些都与心理状况有关系,并非纯粹的生理疾病,特别是有些怎么也看不好、搞不清楚生理原因的疑难杂症,绝大部分与心理因素有关。鞠教授经常通过心理手法使许多疑难杂症缓解或者消失,根本与用药无关。家长强化、惩罚不当,导致疾病的情况很多,举个例子:

一对家长来找我,他们的孩子经常腹泻,拉得一塌糊涂,已经四年了,医院治不好,化验检查细菌也没有超标,当然消炎药也是没有用的。那为什么这个孩子会老拉肚子呢?仔细调查后发现,这孩子如果拉肚子,对他有巨大的好处:考试成绩不好,父母就不会打骂他了,并且因为拉肚子,父母非常慌张,孩子有巨大满足感,所以就腹泻了。这种类型的腹泻,吃药自然是治不好的。

心理因素与生理因素共同致病,学术上称为心身疾病,与美国相比,中国门诊医生的心理学知识特别缺乏,估计落后了30年。上面这个例子,我用催眠调整,共进行了9次,腹泻消失了,还包括一些其他的心理问题也消失了,不必用药,前提是父母要配合。

行为主义心理学还认为:人的情绪也是被强化、惩罚导致的。

有人会说:"我今天情绪不好,所以我不去上班!"行为主义心理学反对这种说法,他们认为,情绪与上班不是因果关系,上班与情绪才是因果关系,是上班的强化、惩罚导致了个体对上班的情绪体验。比如,上班老是遭到批评,所以上班的情绪体验坏了。

另外一种情况也会导致上班情绪不好,就是情绪不好却得到了领导的鼓励。比如,愁眉苦脸的人会被老板认为干活卖力,升了工资、提拔了职务,于是在公司形成了一种暗示:坏情绪有好处。那些受暗示强的个体,情绪就不好了。

对于强化惩罚与情绪的关系,笔者持有限支持态度,因为笔者在实践中发现,潜意识与情绪的关系更大。

强化理论的其他注意事项

强化理论除了上述核心理论外,还有以下内容。

1. 强化、惩罚的方法要多样化

我们要特别注意不掉入一个调控个体行为的方法单一化的误区。心理学有个重要原理,即单一调控个体的方法边际效应递减,甚至效应为零,还有走向反面的可能。

比如,在管理工作当中,许多领导调控下属行为的手段非常单调,除了表扬批评、奖金罚款之外基本上没什么新的手段,这是一个很大的错误。因为用多样化的调控手段刺激个体,可以保持调控手段的边际效益最大。一般而言,我们把吃鲈鱼当作激励的一种:今天吃鲈鱼,可能感觉味道鲜美;明天吃鲈鱼可能感觉味道不错;后天再吃可能感觉味道尚可;天天吃鲈鱼,鲈鱼的激励作用在逐步下降,吃上一年的鲈鱼,吃鲈鱼就不是激励,可能变成一种惩罚了。比如,李某某犯了错误,可以对他惩罚道:"李某某,怎么搞的,又出错了,今天中午吃鲈鱼!"

又如,很多父母,特别是母亲,用唠叨的方式来惩罚孩子,在孩子年龄小时,有一定的用处,经过多年,甚至十几年的唠叨,其边际效用越来越小,到了小孩初中或者高中,唠叨的作用可能像上面例子里的鲈鱼,变成了事物的反面,父母越唠叨,孩子的行为越逆反,孩子逆反的行为,除了青春期生理发育的原因之外,也和父母多年的唠叨有关系。

这就是所谓物极必反,重阳必阴,从激励因素反成为惩罚因素。所以,笔者再次提醒读者这个十分重要的概念:在强化、惩罚过程中,调控个体行为的手段必须多样化,以保持调控手段的边际效用最大化。

为保持强化、惩罚效果的边际效应最大,应不断地更新强化、惩罚的方法。除表扬、批评、发奖、罚款、拥抱、打骂这几种常用的强化、惩罚方法外,笔者在青少年行为纠偏相关章节中会举例很多实用有效的强化、惩罚方法。应特别强调的是，读者可以结合理论知识，创造出丰富多彩的强化、惩罚方法。

2. 分解复杂的行为，分别予以强化与惩罚

有时候，员工或者孩子或者调控对象的行为是复杂的，不能简单地对其实施强化或惩罚，而是应对他的行为进行分解，把一件复杂的事情分解成强化与惩罚方向明确的几件事，然后分别实施强化与惩罚。

3. 强化与惩罚应交替使用

强化与惩罚必须交替使用，只使用强化，是"老好人"的管理方式，这样的管理方式虽然鼓励了好事，但没有抑制坏事，导致好坏行为并存；只使用惩罚，是"大棒式"的管理方式，这样的管理虽然抑制了坏事，但没有鼓励好事，导致没有坏行为也没有好行为。多数父母的通病是：惩罚有余，强化不足，而行为调控的目的是要使坏事得到遏制，使好事得到继续发扬光大，所以强化、惩罚应交替使用。

4. 强化与惩罚应指向明确

用强化与惩罚调控行为的方向应与具体的行为相联系，以明确被调控人的行为导向。

比如，孩子成绩下降时，将其严厉批评一顿，这是惩罚，这样的调控方向是对的。孩子成绩上升时，仍旧得到一顿严厉的教育："不要认为考了第一名就了不起了，有什么高兴的，要再接再厉，继续进步！"这样孩子的行为发展就失去了方向！

5. 对理性程度较低者的调控应偏重强化与惩罚，对理性程度较高者的调控应偏重认知改造

理性程度较低者，主要是年龄较小者或者文化程度较低者或社会阅历较少者；理性程度较高者，主要是年龄较大者或者文化程度较高者或社会阅历较多者。工作实践表明：对前者的行为调控应更多地依赖强化与惩罚，对后者的行

为调控应更多地依赖对其态度的改造。

比如,对一至三岁的孩子讲道理是没用的,他的脑子里没有道理;相反,孩子是通过强化与惩罚才建立是非观的,是非观即道理。

6. 强化为主,惩罚为辅

强化应占调控行为的80%左右,惩罚应占20%左右,这是比较恰当的比例。

既不可以只有强化没有惩罚,也不可以只有惩罚没有强化。所谓的纯粹的"快乐教育",是个没有实证基础的伪命题,这样教育出的孩子一定是毛病多多、优点突出,却喜欢胡作非为的孩子。所谓的"棍棒底下出孝子",也是一个没有实证基础的伪命题,纯粹的棍棒教育,一定教育出一个没有缺点、但也没什么优点、没什么创造力的平庸之人。

强化理论的错误使用举例

我们在生活中,存在很多对强化、惩罚理解的误区,导致了对强化、惩罚手段的错误使用,举例如下。

错误一:朋友叫你外号,你很不高兴。

人们叫你外号,你不高兴,不是对叫外号的惩罚,而是对叫外号的强化。

因为人们叫你外号,潜意识目的就是让你不高兴,你一听外号不高兴了,对方有满足感,这样就会调动对方叫你外号的积极性,你就难以摆脱这个外号了。你越不开心,大家越喜欢叫你外号。当然,他人叫你外号,你答应,也是对叫外号的强化,你的外号也难以摆脱了。你想摆脱外号,正确的做法是对这个外号没有反应。

错误二:恋人闹假自杀,你很紧张焦虑。

恋人闹假自杀,非常普遍。男女都有,女性为多,绝大部分的恋爱自杀都是假的,恋人闹假自杀的目的是为了惩罚你,让你难受,让你焦虑。

如果你的恋人闹假自杀了,你非常紧张、非常慌张、非常焦虑,你的恋人会有很大的满足感,对方假自杀的行为就会得到空前强化,可能闹假自杀成瘾,经常干这个事。但是,万一对方失手,可能真的死了。

我有个研究生，年轻时非常帅气。他女朋友由于父亲出轨导致父母离婚，从小没有安全感，潜意识有创伤，对男人没有信心，经常闹假自杀，跳校中心的小湖，这小湖最深的地方也没有人高。如果真想自杀应该去跳大湖，或者跳高楼，所以他女朋友跳湖是假自杀。他女朋友一跳湖，这研究生就慌了神，拼命地把女友拉出来，不停地赔礼道歉，随后三五天，必是好吃好喝地伺候，殷勤地陪伴，结果，他女友闹自杀成瘾，经常闹自杀，我叫这个学生改变方式，改成：女友跳湖，立刻电话女友同寝室的同学，来把女友拉出来，男孩本人则悠然自得地拿出烟来抽，面带惬意的笑容，踱着方步，唱着欢快的小曲，慢悠悠地走开！他女友果然以后不闹自杀了，因为闹也没用了！

错误三：希望老公多做家务，却在他洗衣服不干净时批评他。

不少女性，是希望老公多做家务的，但老公洗了衣服，假定没有洗干净，多数女性，是会批评老公的，从行为主义心理学角度分析，就是老公洗衣服却得到了惩罚。那么，老公下一次还洗衣服的概率就会下降。所以，假定女性希望老公多洗衣服，那么看见老公没洗干净，也要装作没看见，应该给予老公鼓励。比如，老公洗衣服的时候，老婆显得非常幸福的样子，或者去亲老公一下，都是属于强化行为，口头明示表扬也是可以的，但暗示效果更好。

如果确实需要批评老公，请以一份批评配合五份表扬的比例实施，或者老公已经形成了稳定的洗衣服行为后，再进行批评。

再次强调：只要老公洗衣服就批评他，是绝对错误的夫妻相处之道。

错误四：孩子成绩上升，兴高采烈向父母报喜，父母批评他太骄傲。

有的孩子成绩上升了，显得特别兴高采烈，向父母报喜，不少父母应对方式错误，他们会批评孩子太骄傲自满了。从行为主义心理学分析，这是成绩上升却得到了惩罚，孩子下次成绩上升的概率下降，正确的做法是：父母也显得很高兴，并口头给予鼓励或者物质上给予奖励。

这里提醒一下，心理学研究表明：初中生与小学生，其潜意识的学习目的是为了让父母开心，那些所谓的学习对于个体前途的好处，他们是无法深刻理解的，即便孩子们嘴上说出一大套学习有什么好处，绝大部分也是鹦鹉学舌，而内心的潜意识学习的目的，主要就是为了让父母开心，尤其是小学生，这种现象特别明显。

第四节　人本主义心理学：马斯洛需求层次论

人有自我完善的本能

人本主义心理学的典型是马斯洛需求层次论，另一位代表人物是罗杰斯。人本主义心理学强调：人有自我完善的本能。

比如，罗杰斯认为：心理治疗的本质是激活个体自我完善的本能，因此人本主义的治疗是协助性的，而不是纠偏性的。所以，心理咨询师是不能给咨询对象出结论、拿主意的，而是通过讨论让咨询者自己拿主意，甚至都不能称呼心理疾病者为患者，也不能称呼他为病人，只能称呼为"来访者"。这个称呼现在得到了广泛的认同，当然很多心理咨询师口头称对方为"来访者"，心里仍旧把对方当作"病人"，但是罗杰斯的理论在东方遇到了巨大的挑战，在东方权威文化的暗示下，很多咨询者认为心理咨询师不出结论，是没本事、是忽悠、是混饭吃。罗杰斯的主张在东方不一定行得通，但他的理论对于心理疾病患者有强烈的安慰意义，因为每个人都不希望自己是病人。当然，本书任务不是参与理论争鸣，而是为了解决实际问题，马斯洛需求层次论，对于家庭管理有巨大的指导意义！

马斯洛有一位非常霸道自私的母亲，她的行为完全是人本主义的反面，他母亲就类似于本书所讲的"控制型人格"与"指责型人格"的混合体。马斯洛自己坦言，他的人本主义学说是来自对他母亲行为的反动，他虽然与父亲和解了，但他终身没有与母亲和解，最后他甚至没有参加母亲的葬礼。

马斯洛需求层次论概说

1943年,马斯洛在《人的动机理论》一书中提出了著名的需求层次论,在这一理论中,马斯洛认为人的需求可以从低到高分为五个层次,多数人是逐层发展的,如图1-2所示:

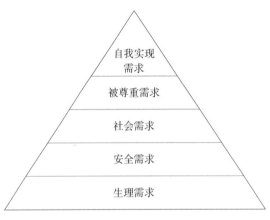

图1-2 马斯洛需求层次理论

底层:生理需求。

在人的五种需求中,人的生理需求是最基本的、最优先的需求,它包括饥饿时想吃、干渴时想喝水、希望有栖身的环境、性需求和其他生理需求,简称吃喝撒拉睡的需求。这是一个人生存所必需的基础条件。马斯洛说:一个人在吃都没有保障的情况下,其对食物的兴趣,将远远大于对音乐、诗歌、汽车的兴趣。

第二层:安全需求。

多数人在生理需求相对满足的情况下,就会产生安全需求,即保护自己免受生理和心理伤害的需求,包括人身安全、工作的稳定性、劳动保护、社会保险、稳定的婚姻关系、稳定的亲密社会关系、喜欢与熟人交往等,以保证自己免于危险、灾难和心理压力。

第三层:归属和爱的需求。

多数人安全需求相对满足后,就会产生交际需求,又称归属和爱的需求,包括被别人爱、能够爱别人、被团体接纳、能够获得友谊,得到他人的关心,通俗地讲希望能够呼朋引类、成群结伙、吃喝玩乐、成双结对、花前月下、卿卿我我。

第四层:被尊重的需求。

多数人归属和爱的需求相对满足后,又会产生被尊重的需求,被尊重的需求可以分为两个部分:外部尊重和内部尊重。外部尊重包括获得社会地位和名誉,被他人关注、认可、推崇,比如追求主管、总监、副总、老总、讲师、副教授、教授、高工、正科、正处、正厅等各类头衔,喜欢掌声、鲜花、点赞等;追求各类名牌商品、漂亮的服装、美容等。内部尊重主要指个体的自我接纳,即完全能够接纳自己。

第五层:自我实现的需求。

多数人被尊重的需求相对满足后,就会产生自我实现的需求。马斯洛认为这是最高层次的需求,处于这一需求层次的人往往努力于追求个人能力的充分发挥,感到人生充满意义,包括充分发挥自己的潜能。自我实现不是目标实现的意思,是潜在的画家去画画,潜在的音乐家去唱歌,潜在的政治家去竞选,潜在的企业家去经商……

马斯洛认为,人的需求有高层次和低层次之分。生理需求和安全需求属于低层次的需求,而交际需求、尊重需求、自我实现需求则属于高层次的需求,人的需求是从低到高依次排列的,只有满足了较低层次的需求,高层次的需求才会产生。人首先追求的是低层次的需求。为了生存,人首先需求吃饭、穿衣、住房,需要有一份稳定的收入,需要保证人身安全不受威胁,这时人往往追求的是这些较低层次的目标。一旦解决了衣、食、住、行问题,满足了生理需求和安全需求,人就会产生新的、更高层次的需求,想要与人交往,渴望得到别人的尊重,拥有一定的社会地位,希望能发挥自己的能力,实现个人的人生价值,这时最需要满足的就是这些高层次的需求,低层次的需求则相对处于次要的地位了。

那么,如何区别需求的高低呢?马斯洛提出了区分的一个基本的前提,即较高层次的需求主要通过内部因素满足,如工作的趣味性、工作的意义、工作带来的社会地位等使人得到满足,而低层次需求则需通过外部因素,如报酬、合同、任职期等使人得到满足。根据这一分析,不难得出这样的结论:在经济繁荣时期,管理者应通过对较高层次需求的满足来激励员工,因为长期雇佣员工的大部分低层次的需求都已经得到了很大程度的满足;反之,在经济萧条或经济危机时期,由于员工的收入降低,安全没有保障,这时采取措施满足低层次需求将会更加有效。

那么,有没有人的需求不是逐层发展,而是跳跃式发展的呢?有的,但这类人比较少见,比如不少伟人常常是生理需求或者安全需求还没有相对满足,就发展到了自我实现的需求,但这类人很少,没有普遍意义。

笔者学术体系的哲学基础叫人本主义哲学,人本主义哲学和人本主义心理学有一定的关系,但两者不能画等号,本书是实用性的书,如需进行深度的理论学习,则要学习笔者的哲学类的论著。

第五节　家庭管理心理学基础：二元相对平衡哲学

在本节开始之前，我们先来一起思考以下一些问题，这些问题或许你也曾想过：

为什么许多西方国家的政府首脑和高官走马灯似地轮换，社会生活却运作如常？

为什么市场经济高度发达的西方国家会有那么多人相信宗教？

社会贫富差距拉大会导致社会不稳定，差距过小又动力不足，怎么办？

为什么在某些地方华而不实，甚至祸国殃民的"形象工程"屡屡上马，如此错误决策可以大行其道、畅通无阻？

为什么自然科学技术在明清两代没有发展起来？

为什么中国古代的封建王朝要设立专门"唱反调"的言官？

为什么各个朝代的后期官员素质总是不如前期？

为什么有朝代更替？它内在的原因是什么？

为什么很多朝代会有潜规则？它起什么样的作用？

为什么企业中强调利益机制会形成"斤斤计较""钻制度空子"的不良风气，而不用利益刺激似乎又不行，出路在哪里？

为什么员工跳槽频繁的私营企业反而比人员稳定的国有企业有更旺盛的生命力？

为什么许多国有企业的规章制度异常完善，却难逃破产的厄运？

为什么内部分歧较多的企业反而能够具有旺盛的生命力？难道意见分歧更有利于企业发展？

为什么欧美企业和日本企业薪酬制度中也会有"大锅饭"的成分？人们不是通常认为"大锅饭"的成分越少越好吗？

……

如果你对以上问题抱有疑问，不妨阅读本节内容。

认识中国古代阴阳哲学

首先，我们来复习一下中国老祖宗的哲学：阴阳哲学。

世界万事万物都是由阴阳两个元素构成，当阴阳二个元素相对平衡时，事物就稳定、协调、健康地运行。

阳的定义：强力的、动态的、向上的、亢奋的、开放的、积极的因素，称为阳。

阴的定义：柔弱的、静态的、向下的、平静的、收敛的、保守的因素，称为阴。

《周易·系辞》举例这些都是阴阳关系：天地、日月、暑寒、刚柔等，其余如：进退、伸缩、贵贱、男女、君子小人、有无、实虚……依次类推。古人认为，万事万物分阴阳有必然性，是宇宙的本原本质。

阴阳哲学的其他主要观点如下。

阴阳互存：阴阳都以对方存在为自己存在得更好为前提，谓：孤阴不生、孤阳不长。

阴阳可分，以至无穷：世界上任何事物都可分为阴阳两类，而任何事物中的阴或阳又可进一步分为下一层次的阴阳两个方面。

阴阳转化：阴或阳到了极高的程度，就向反面转化或者解体，所谓物极必反。《素问·阴阳应象大论》曰："重阳必阴，重阴必阳。"当然，古代这些说法有点不准确，因为有时不是反向转化而是解体。

中医是阴阳哲学主要的保存阵地

中国传统文化经几次文化大劫，精华、糟粕同时星散。唯有中医是保留中国传统文化的顽强阵地。中医治病就是阴阳哲学的运用。中医认为：人体从生到死,处处都是阴阳两个方面。阴阳双方只有处于相对平衡状态,才能维持正常的生理活动。《内经》说的"阴平阳秘,其神乃至"就是这个意思。如果由于某种原因,阴阳相对平衡关系被破坏,就会因阴阳偏盛或偏衰而发生疾病。治疗的原则是:"谨察阴阳所在而调之,以平为期。"诊病时,要查明阴阳偏盛偏衰之所在,然后用药物、针灸、练功、饮食等法使阴阳达到新的平衡。比如,"热者寒之",用黄连、柴胡,寒者热之,用附子、干姜等,虚者补之,用人参、当归等,实者泻之,用大黄、枳壳等,都是以阴阳相对平衡为指导的治疗方法。

图1-3以粗线代表阳,细线代表阴,以高度代表阴阳的强度:

注: 表示阴阳相对平衡,身体健康。

注: 表示阳太盛,超出了正常线。人会出现发热、面红、口干、便秘、尿黄、脉数等症状,俗称"上火了",用清热药如黄芩、黄连、黄檗、马齿苋、金银花、知母、龙胆草、莲心、荷叶、苦瓜、绿豆等。

注: 表示阳正常,阴不足。症状有低热、口干、盗汗、舌质红、脉数细,俗称"虚火",与上述实火不同,不能用清热药,而用滋阴药,故中医之"火"分"实火"与"虚火",用药方向不同,用北沙参、麦冬、石斛、枸杞子、女贞子、旱莲草、龟板。

注: 表示阳不足,阴正常。阳虚则寒,可见怕冷、手足凉、面白、自汗、舌质淡、脉沉细等,用鹿茸、杜仲、肉苁蓉、菟丝子等。

图1-3　阴阳图示

另外,还有(E)(F)(G)等种种图示在此不再赘述。中医治病,以阴阳哲学为基础,所以中医大学学中医者,先学阴阳哲学。

企业管理中的阴阳哲学

笔者曾经任一家公司的总经理,由于极其善于设计以绩效管理为核心的激励机制,故在公司实施系统、丰富、细致的考核制度,以利益机制刺激为纽带,极大地调动了员工的积极性,但随之而来的弊端也十分严重。该公司的组织文化开始变坏,员工变得斤斤计较,一切向钱看的思想泛滥成灾。举个例子:

一车间主任来告状:台风刮倒车间围墙,车间主任购来一车红砖头补墙,砖头运到车间附近,主任叫员工出去搬砖头。若在过去,必政令畅通,但考核制度强化了,人心变了,员工纷纷叫嚷,他们认为这项搬砖头的工作在年初的工作任务描述中没有提及,故纷纷问主任,这项工作如何算钱,搬一块砖头多少钱? 如何计入考核? 车间主任惊得目瞪口呆,感叹人心不古、江河日下。笔者听完主任告状,震动很大,方知利益机制单项突进不妥,赶紧强化员工思想工作,随着反对斤斤计较的思想教育工作展开,其他组织文化建设也上正轨,利益机制单项突进的弊端才被平衡掉。

在中国人的观念里,企业员工稳定,主动跳槽的几率低是好的。不过,笔者观察到一种相反的现象:许多快破产的企业人员流动率是偏低的。这种现象在国有企业居多,而许多人员流动率高的企业,企业却高速发展,这种现象在民营企业居多。举个例子:

笔者的一位学生是有七个亿资产的民营企业家,产权百分之百在其夫妻名下,企业是高科技企业,还承担国家863项目。应该认定这家公司是很成功的。其公司人事上的特点是:总经理、部分副总、部分中层干部如走马灯式地高速流动,你来我往,眼花缭乱。总经理长则两年,短则半年便或被辞退或主动请辞。企业却从白手起家越来越大。另一方面,公司部分副总、中层干部多年从未换人。有三位副总，其中一位副总工程师已跟随他十九年。中层干部也有部分人跟随他工作十几年。这两类人的人格特质截然相反。流动性人员的特质是开拓性强、创新性强、学历偏高，教授博士也不少，而且几乎全是从外部招聘而来；而稳定性人员都是稳重有余，创新不足，学历偏低，而且多半是内部提拔。该董事长似乎对两类人格特质相反的人都有所偏爱。

实践证明，他的管理方法是正确的。因为从长期而言，企业管理是否好的最终标准是企业净资产能否增大。该企业从零到如此规模当然证明他的管理方法总体是正确的，后来我曾专门与该学生讨论人事政策。原来他是这样操作的：流动型人员的作用主要是"把企业搞得更好"，稳定型人员的作用是"保证企业不坏"，所有管理环节都同时配两种人，正职是开拓型人员，副职就是稳定型人员，如正职是稳定型人员，则副职就是开拓创新型人员。至于总经理位置是这样操作的：从外招聘而来的总经理大多是眼界宏阔，能力极强之人，但这类人的特点是成就欲望大，总想跳槽或自己做老板，干不了多久就跳槽，但每来一任总经理就会带来许多新观念新方法，过去的弊端易于被发现，企业管理就会上一个台阶。另外，董事长有个销售副总已跟随他十几年，销售副总能力尚好，但不是属于出类拔萃之列。这位销售副总还有一项极其重要功能是当"代总经理"。每当总经理跑了，销售副总就当代总经理，新的总经理来了，销售副总退回本岗位。如此多次反复，所以公司从没因为换总经理造成重大波动。这样，总经理换了无数，企业却越来越大。

在企业实践中，常遇到这样的矛盾：能力强的人忠诚度差，忠诚度高的人能力不强，当然能力强忠诚度又高的人是存在的，但可遇而不可求，不可能作为常规政策实施，尤其不会大量遇到这类人充实到各级干部位置。因为这实在需要太好太好的运气。另外，这位董事长还有这样一条经验：大量使用忠诚度中等、能力中等的人效果最差。因为，这既无法保持企业管理走在前列，又无法保持管理稳定，常是两头失着。

谈到管理，多数人想到便是严密的、大量的、系统的规章制度，似乎规章制度越多越好！这个观点在实践中被证明是错误的。规章制度一方面有规范运作、降低风险的作用；另一方面也有遏制创新、降低效率、促使组织官僚化的作用。从哲学角度上讲,组织的内外环境处于永不停顿变化当中,而规章制度是死的东西,因此从本质角度出发而知,规章制度过时是永恒的,只要规章制度一出台:过了一秒钟就过时了,只不过时间太短难以察觉;过了一小时,规章制度过时就多了些;过了一个月,可能就可以观察到规章制度的过时;过了一年,过时可能就明显了。因此,过于"丰富"的规章制度就会充斥大量过时的内容。这些过时的规定由于无法操作又会降低规章制度执行的严肃性,导致应该执行的规章制度也不执行,影响组织运作。因此,管理中关于规章制度有两项任务:一项是建设规章制度,另一项是消灭规章制度。

笔者在当总经理时专门设有一员工负责清除规章制度,而且设有考核指标,该人年考核工资＝年考核工资基数×(消灭的规章制度÷年消灭规章定额)。当然,有许多规章是修改,视修改程度不同折算成消灭规章的件数。不过须提醒的是,他提出的消灭规章或修改规定的议案须经一定程序批准,而非一人决定。关于规章建设与消灭的关系犹如社会上妇产科与火葬场的关系。试想若社会上光有妇产科而无火葬场将是多么可怕。只有生与死处于动态相对平衡时组织才会正常运行。

大多数人认为:多劳多得天经地义,大锅饭当然不好。为便于理解,这里先统一概念:多劳多得含义为报酬完全与劳动贡献挂钩,大锅饭则指报酬不与劳动贡献挂钩,前者一般表现为薪酬,后者多表现为福利。多劳多得与大锅饭的特质是相反的,那么单纯实施多劳多得效果好吗? 许多人的实践证明效果不好。虽然劳动效率前期会有所上升,但弊端也很大。实践表明这会大大强化员工的"短工意识",员工与企业的关系成了百分之百的一手交钱一手交货的临时工关系或商品关系,组织文化变得毫无人情味,人与人之间的关系是"金灿灿、冷冰冰",人员凝聚力下降,流动增加,劳动效率后期反而下降。而"大锅饭"的效果正好相反:组织文化富有人情味,凝聚力增强,人员流动减少。正确的方法是多劳多得与大锅饭并行。事实上,适度的大锅饭可以平衡多劳多得带来的极端的弊端,满足员工对安全感和人情味的需要。

由此,我们得出重要结论:管理的每一个重要环节都应有两个性质相反的东西共存,这样的管理是比较稳定协调的。企业管理中的阴和阳举例如表1-1所示(包括但不限于):

表1-1　企业管理中的阴和阳

阳	阴
利益机制	思想工作（组织文化建设）
中式头脑风暴会	对抗性决策
放权	控制
开拓型人员（喜欢跳槽）	稳定型人员（喜欢稳定）
多劳多得	大锅饭（福利）
君子	小人
建设规章	消灭规章
生产系统	质控系统
奖	罚
销售部（进钱的）	市场部（花钱做宣传）
硬性计划	柔性计划
强制协调	自愿协调
事前控制	事后控制
上级能力	下级能力
给员工压力	给员工放松
公司所有者	工会

对表1-1的进一步解释如下：

第一，一个组织，一味依靠利益机制来调动人的积极性，就会培养出斤斤计较、本位主义、短期眼光等不良风气，严重阻碍组织目标的实现，所以要靠组织文化建设，即思想工作来平衡利益机制建设的弊端，由于利益机制是强烈的，思想工作是轻柔的，故前者为阳，后者为阴。关于中式头脑风暴会和对抗式决策，内容非常复杂，在笔者的其他著作中有详细的解释。

第二，放权是一个组织发展壮大所必需的，但是没有监督的放权是可怕的，因为这会导致权力的滥用。所以，必须通过控制系统的建设，来平衡放权的弊端，控制系统越是有效，则放权程度可以越大。

第三，在一个企业，开拓型人员和稳定型人员要并用，前者的作用在于把事情做好，但是他们的弊端是跳槽倾向大，后者的作用在于防止事情做坏，他们主要是保持开拓型人员不断跳槽情况下的企业的稳定性和连续性。

第四，一个企业当然要以多劳多得为主导思想，但是假定所有的工资都是以多劳多得的形式发放，则会培养出强烈的短工意识，人员凝聚力会非常差，大家会有强烈的拿一分钱干一份活的思想，人员跳槽率会非常高，比如销售人员没有固定工资，全部靠业务提成过日子，那么人员流动率就会很高，而且就会很难指挥。福利是不与劳动贡献挂钩的收入，它的作用在于建设大家庭的组织文化，提高凝聚力、降低人员流动率，所以大锅饭与多劳多得都是必不可少的。

第五，一个组织当然需要很多的谦谦君子，但是谦谦君子太多了组织就没有活力，适当地养些"小人"，可以激发组织活力，使组织处于一定的紧张状态，而且任何一个组织都有一些需要"小人"去干的事，这些工作是君子干不了的。

第六，一个组织的规章制度必须处在建设规章与消灭规章的动态平衡中，规章制度太多就会产生许多无法执行的规章制度，形成突破规章制度反而有好处的舆论，而影响应该执行的规章制度的严肃性，导致整个规章制度逐渐走向崩溃。

第七，生产系统和质量控制系统也是阴阳关系，前者为阳，后者是收敛的，故为阴。生产系统离开了质控系统就不能很好地运作，质控系统离开了生产系统，就失去了存在的意义。

第八，奖的作用在于鼓励好行为再现，罚的作用在于抑制坏行为再现，而好行为与坏行为的成长规律是：好行为不鼓励不会成长，坏行为不用鼓励会自动成长，这就是所谓学坏容易学好难。所以，光有奖，则好行为得到了鼓励，坏行为同时成长；光有罚，则坏行为被压下去，而好行为不会成长。光是奖或光是罚都是不对的，那么就应该奖罚并行。由于奖有升腾的作用，所以为阳；由于罚有收敛的作用，所以为阴。

第九，销售部是卖产品的，它的直接表现形式是钱进了公司，市场部是做广告宣传企划的，它的直接表现形式是花钱，但是两者互相配合，则会收入更多的钱。

第十，硬性计划与柔性计划要互相配合，效果才会更好。

第十一，强制协调与自愿协调要并行才能真正做好组织的协调，其中的详细解释要专门看笔者的相关论述。

第十二，事前控制是主要的，效果更大的，事后控制是辅助的；前者为阳后者为阴。

第十三，上级能力对公司影响是巨大的，故为阳；下级能力是配合的，故为阴。光有上级能力,下面执行力差是无法实现组织目标的;光有下级能力,上级能力很差肯定也是不行的;要两者配合,才能做好工作。

第十四,在管理中,对下级施加压力是不可避免的,但在不断给下级施压的同时,要注意给下级机会释放压力。笔者就经常采取给下级释放压力的措施,比如召开"给总经理提意见会",开会时强调每人必须提一条,即便是"瞎编"也要编一条,由于给了员工"瞎编"的理由,也就解脱了员工得罪领导的顾虑,这样他们的压力也得到了释放,当然释放压力的办法还有很多,这里不一一列举。

第十五,代表所有者的管理层与代表员工的工会也是一对阴阳关系,有的公司反对建立工会,这种观点是不对的,因为有了工会,员工的牢骚与不满就有了宣泄的渠道,员工的不满就可以通过工会逐渐地释放,避免大地震。如果没有工会,就有可能让所有者与员工沟通不畅,牢骚不满逐渐积累,最后如山洪般爆发,比如导致罢工之类的。

因此,在企业管理的重要环节都要做到有两个特性相反的东西共存,即要阴阳共存,企业管理才能搞好。

此外,管理中的阴阳可继续分下去,一直无穷,如图1-4所示。

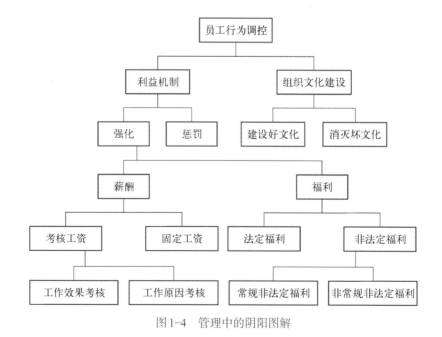

图1-4　管理中的阴阳图解

41

为便于理解图1-4,再作些解释如下。

人的行为无非受两个因素调控:一是利益,人都有趋利避害的特性;二是思想,只要思想认为应该这样做,即便是有害无利也会这样做。比如,军队中的士兵,"军人以服从为天职"的观念深入士兵心灵深处,故一声令下,士兵即便是冒枪林弹雨也会向前冲锋。此事当然不会对士兵的生命安全有利,所以调控人的行为,不能光用利益机制或光用思想工作(又称组织文化建设),应两相对进。光用利益机制会导致员工欲望泛滥,斤斤计较,短期目光严重。另外,利益机制是通过规章制度去实现的,而规章制度是永远存在漏洞的,只要员工专心去钻漏洞,必然可以找到漏洞。关键是通过思想工作,使其不想钻漏洞。当然,光实施组织文化建设又稍显空洞,因此组织文化建设必须伴随利益机制建设同时实施,方可平衡光实施利益机制刺激带来的弊端。利益机制是强力、活跃,为阳性因素;思想工作则柔弱、收敛,为阴性因素。

组织文化建设的重要性已被部分企业家所认识,但许多企业在进行组织文化建设后,发现企业工作氛围和风气有所改善,但仍旧很不理想。造成这种状况的原因很多,其中一个常见原因是只重视建设好思想,没有同时着力去消灭坏思想;结果,好思想因受到鼓励在增长,坏思想由于没受到打压仍有相当市场。比如,笔者在企业担任领导时,在建设的组织文化中,有一条是"勇于负责"。"勇于负责"的对立面有"干部做老好人""互相扯皮",建设"勇于负责"的文化,当然会使"勇于负责"的气氛浓厚,"干部做老好人""相互扯皮"有所减少,但更为完善的对策应该是:同时直接针对"干部做老好人""相互扯皮"现象打压。笔者的惯例是在年初的时候常会对各位中层干部庄严宣告:到年底,要对所有干部作员工对其满意度评价。到时候,凡是出现有员工对其满意度太低的情况,说明该干部缺乏威信,视情况严重程度分别给予谈话劝诫、少发年终奖、撤职查办等惩罚;另一方面,到时候,凡是出现员工对其满意度太高的干部,他在笔者心目中将建立"老好人"的"光辉形象",视情节严重程度同样给予谈话劝诫、少发年终奖、撤职查办等处罚。因为直接管理必然意味着"压迫",不可能人人满意皆大欢喜,所以直属员工满意度太高,只能说明他是在做老好人。当然,间接员工对领导满意度高是好事,比如车间员工对总经理满意度极高说明该总经理领导有方。若车间员工对车间主任满意度极高说明该车间主任没有原则性，是"老好人"。不过，车间太大、人数太多的例外。因此，在笔者管辖的组织，中层干部都明白员工对其满意度不可太高，又不可太低。"老好人"现象大多收敛，这便说明组织文化建设须正反对应，其中：建设好文化是张扬开放因素，是阳性因素；消灭坏文化是内向收敛因素，是阴性因素。这就是在组织文化这个阴性因素下面第二层分阴阳。

福利按其内部的特性又可分为法定福利和非法定福利。法定福利即各类社会保险；非法定福利则如中秋发月饼、过年发年货、年终聚餐等。法定福利为阳，非法定福利为阴。阴阳相对平衡共存，效果最佳。如若进一步划分阴阳，则非法定福利又可分为常规非法定福利和非常规非法定福利，前者为下一层面之阳，后者为下一层面之阴。常规非法定福利如前述中秋月饼、年终聚餐等；非常规非法定福利如恋爱津贴。笔者就在某年五一给员工们发放过恋爱津贴。凡年轻谈恋爱未婚之人均可申请恋爱小额津贴，获津贴者无不喜笑颜开、激动不已。为什么福利要如此复杂？一言蔽之，人的本性需求使然。人天生有安全感、人情味之需求。领导与企业存在的义务与责任就是满足人的需求。对外尽力满足客户之需求，对内尽力满足员工之需求。然而，人的需求绝非仅物质层面，精神层面的需求也是极其需要的。虽然满足这些需求可能会占用许多组织资源与精力，但这又是十分必要的。

薪酬的下一层面，又可分为阳性考核工资和阴性的固定工资，考核工资根据绩效确定，固定工资则包括基本工资、工龄工资、职称工资、学历工资、岗位工资等与当前工作好坏没有明显关系的工资（当然不是从当期而是从长期的角度而言，固定工资也是与工作好坏有关的）。如果全部实现考核工资而无固定工资，最大的缺点是没有安全感。在人才市场上无法招到优秀的人才，而全部实施固定工资，弊端也显而易见：培养懒人。如果在考核工资中再分阴阳，则以工作效果或称工作贡献为指标的考核，具有阳性特质，如销售提成、计件工资等；以影响形成工作效果的原因为考核指标的考核称为阴性因素。一般而言，工作效果＝工作能力×工作态度。如果把工作原因再分阴阳，则工作能力为阳性因素，工作态度为阴性因素。如果有兴趣，可以无限分阴阳以至无穷。

当然，阴阳无限可分的方法不是唯一的。因为阴阳划分的方法，随目的而有所变动，也就是说，同一件事情目的不同，划分的阴阳也不同。划分的层次取决于需要多大程度地完善管理,划分的准确性取决于划分者的悟性和理解能力。

所以,这里要特别提醒一点:在实际管理中无需把所有层面的阴阳都平衡起来。按照中医的理念,病急则治标,病缓则治本,总体上标本兼治。总的原则是:事急则先平衡影响面大的失衡的阴阳,事缓则先平衡影响面小的失衡的阴阳,故处理事务有轻重缓急之分,有时有些细小层面的阴阳失衡,可置之不理。

重阴必阳,重阳必阴,寒极生热,热极生寒。也就是说,阳过盛可以转化为阴,阴过盛可以转化为阳,此为物极必反;另外,阴阳不平衡到了极端的程度,也可能阴阳解体,这一层次的阴阳共同体就消失了,称为阴阳绝离。

比如在中医中,人受寒而体温升高,称为阳症,37.2度以上算发烧,38度则阳症就更厉害了,39度、40度、41度……阳症越来越厉害,到后来体温反而会降下来,为什么呢?因为他丧失了生命特征。这就是重阳必阴。而且,阴阳不平衡太极端,导致阴阳分离,也就是说阴阳解体了,所以人没了。又比如,寒风吹来人脸色会发白,白色主阴,故此为阴症,寒风吹得越厉害,脸色白得越厉害,寒风越来越厉害,脸色反而红扑扑了,而且会变得很丰满,继而转为阳症,为什么呢?因为生冻疮了。家庭生活也如此,本科毕业生和大专毕业生结婚,阴阳还算是相对平衡的,如果博士毕业生和小学毕业生结婚,感情高涨时可以维持,但社会学调查显示,这种婚姻只有两种结果:一是小学毕业生努力进修变成了高中毕业生或者大专毕业生,此为重阴必阳;二是阴阳绝离,也就是离婚,阴阳解体了。

在企业管理当中,同样存在着重阴必阳、重阳必阴的现象,或者阴阳极端不平衡导致阴阳解体。打个比方,在企业中,如果建立规章制度太多,就会堆积大量过时而又不符合实际的规章制度,使得员工无法遵守,导致整个规章制度的严肃性下降,使得应该遵守的规章制度也不能遵守了,最终导致全体规章失效,以上谓之重阳必阴。

市场营销中的阴阳哲学

营销在企业中十分重要。在市场营销当中运用阴阳相对平衡的观点指导工作,可使市场营销工作更加系统、严密、有效,其阴阳举例(包括但不限于)如表

1-2所示。

表1-2　营销中的阴和阳

阳	阴
显性意识营销	潜意识营销
销售部(卖产品进钱)	市场部(宣传花钱)
主打品牌(高价)	应付价格战第二品牌(低价)
扩大客户数量	裁减劣质客户
生产企业中间商销售(保持大的销售量)	生产企业直销(保持市场敏感性)
通用标件产品(价格不高)	特制非标件(价格高)
高开拓型销售员(开创新市场但易跳槽)	稳定型销售员(保持销售系统不垮台)
量化型业绩考核	原因类态度能力考核
财务性促销	形象性促销

为使读者对表1-2各项有更进一步的了解,先做一些解释,详细内容另有专述。

所谓显性意识,就是个体自己知道的意识。显性意识营销,就是以满足客户自己知道的需求为核心进行的营销;所谓潜意识,就是个体自己不知道或难以察觉的意识,潜意识营销,就是以满足客户自己不知道或难以察觉的需求为核心进行的营销。比如,许多女性烤面包,其显性意识是为了把面包烤熟,通过潜意识分析发现,许多女性把烤面包的过程当作生孩子,将烤箱当成了子宫,所以许多女性非常喜欢烤面包。为了满足女性的潜在需求,如果取烤箱的名字时能够和生育有关,就会使得烤箱的销量更大。又如,有很多女性很喜欢吃话梅,但是肥美的话梅却不讨人喜欢,这是因为肥美的话梅有褶皱,在女性的潜意识里把它当作皱纹的体现,所以在做宣传的时候强调话梅有美容的作用会使得话梅更讨女性喜欢。发现潜意识需求的方法有黑灯座谈会、投射法、幼儿法、联想测试等。

就销售系统的组织结构而言,大多数企业应将销售部与市场部分立。销售部的职能是销售产品、回收账款、管理中间商,其主要特征概言之便是进钱。市场部的职能是做广告、维护公共关系、做经营推广、做市场调查,目的为建立品牌,建立良好企业形象。其重要特征概言之便是花钱。实践证明,用钱特性相反的部门共存,只会使销售工作更容易做,销量更大。

假如民用品企业之间爆发价格战,大多数企业的常规思路是降价应战,但是用阴阳平衡的方法应战效果好的概率最大,即主打品牌不降价,推出第二品牌低价应战,对手降低多少,第二品牌随之降价。这样损失最小或利润最大。因为主打品牌一旦降价,就会损失高端客户而且很难使价格反弹,故利润损失会很大。企业实践证明,二元相对平衡价格战不失为一种较好的思路。

财务性促销与形象性促销也存在二元相对平衡的问题。所谓财务性促销就是以让利为特征的促销,如打折和有奖销售等;所谓形象性促销就是以提升形象为目的的促销,如培训目标客户、发行内部刊物等。财务性促销的特点是见效快、见效期短,但副作用大,会破坏品牌形象,降低品牌价值感;形象性促销的特点是见效期长、见效慢。如果纯粹搞财务性促销,短期有效、长期有害;如果仅搞形象性促销,见效太慢,企业财力可能跟不上。最好的促销方式是财务性促销与形象性促销齐头并进,两者相对平衡。

社会管理中的阴阳哲学

一个社会的正常运作同样依赖于阴阳两个要素的相对平衡与互存。假如阴阳两个方面缺了一项或者过于偏盛,则必然会出现这样或那样的问题。社会管理中的阴阳举例(包括但不限于)如表1-3所示:

表1-3　社会管理中的阴和阳

阳	阴
刺激欲望(市场经济机制)	抑制欲望(宗教或思想教育)
民主权利	民主职能
接受外来思想	弘扬传统文化
法治	德治
特区	非特区

（续表）

阳	阴
拉开收入差距	提升公民最低生活水平
阳性人才选拔制度	阴性人才选拔制度
市场经济	国家干预经济（计划经济）
地方领导对上型考核	地方领导对下型考核
城市	农村
招商引资	驱除劣资
西方政府负责人竞选获官	西方政府各部内的论资排辈公务员制度
增加个人选择	减少社会禁忌
生产法规	消灭过时法规

市场经济的特点是以利益机制为手段调动人的积极性，使每个人都力图通过满足他人的需求，获取社会的认可。市场经济到一定程度，会刺激人的欲望，并促使欲望膨胀。若只是在市场经济单项发展，必物欲横流、社会秩序混乱。承认欲望合理性至极端，那么抢银行就合理了，故必以抑制人欲的体系与市场经济机制相配合，方可使社会正常有序发展。欧美社会市场经济发达，但社会秩序尚好，宗教起了很大的作用。因为大多数宗教都是强调抑制人的欲望的。宗教的存在相当程度抵消了人欲泛滥的负面作用。

欧美诸国，政府首脑与各部部长均是竞选获官，但各部部长大臣以下，却是公务员制度：论资排辈逐步升迁。按照韦伯的观点，如若政府首脑各部大臣是从官僚机构中逐步提拔升迁，必是选择出八面玲珑、个性被磨平的官僚，稳重有余，开拓不足。竞选获官之人必是开拓性强，创新能力强，但是若设想：政府内部各部的所有职员均是一朝天子一朝臣，人员快速流动，那么政策连续性和政局的稳定性必然极差。这些人另行公务员制度，轻易不能开缺，升迁主要是论资排辈、缓慢升迁，这样既保持了政府开拓性、创新性又保持了政局相对稳定性。

中国改革开放创造了世界性的经济奇迹，与俄罗斯导致社会大动荡的

"休克"疗法不同,其特点是稳定,是什么原因导致的呢? 细察中国改革开放的历史,就是一部二元相对平衡的历史。当时领袖开创的特区为阳性因素,在特区实施几乎与非特区相反的机制。二元对应,终于使中国在相对稳定中持续发展。

关于"民主",已经被许多人奉为最终的价值源泉,是人的天赋权利。但很多人又观察到,在某些特定历史时期与社会环境下,实施民主可能伴随着大混乱,怎么办? 可用二元相对平衡的哲学观念去思考:民主既是权利同时又是职能。可以先实施职能民主主义,先逐步实现民主的职能,最终也就实现了民主的权利。民主的职能有什么? 最大的三项职能是:提高决策的正确性、准确选择开拓型领袖、减少官员腐败,应逐步实现民主的各项职能,最终过渡到民主权利的完全实现,这样,既能走向民主,又能避免社会大动荡。

城市与农村也存在一个二元相对平衡的问题。城市与农村有差距是不可避免的客观存在,但是这个差距不能拉得太大,否则可能导致阴阳绝离,形成社会动荡。

各个地方政府领导的考核,也分成阴阳两个方面,一个是向上负责的考核,一个是对下负责的考核,两者要阴阳相对平衡。向上负责的考核内容一般是指经济增长率、财政收入增长率等,这种考核指标是促使各地政府领导对上负责的;对下负责的考核是指辖区民众满意度增长率(可以抽样调查形式获得数据),辖区民众失业率(这里的民众应包括没有当地户口的人,数据也可以抽样调查形式获得),辖区民众平均工资收入(这里的民众也应包括没有当地户口的人,数据同样也可以抽样调查形式获得),按照管理的通则,负责获取数据的部门应由中央政府垂直领导,如获取数据的部门受地方政府领导,会影响数据的客观性。如果各地领导的考核只有向上负责的考核方式,就会导致很多社会弊端,比如乱卖土地,上形象工程、面子工程,破坏环境,人为制造房产投机等;如果只实施对下负责考核,必然导致目光短浅的短期行为等。

二元相对平衡的人生才幸福

在个人生活中,只有存在二元相对平衡,生活才会幸福,表1-4列出了影响人生幸福的主要二元相对平衡因素。

表1-4　影响人生幸福的主要二元相对平衡因素

利　　己	利　　他
天生欲望满足为主	人造欲望消除为主
生活中对错观高	生活中对错观低
获取金钱物质	抛弃金钱物质
投资性用钱	公益性用钱
建立新的人际关系	抛弃旧的人际关系
购物	抛弃无用之物
获取感情	清理感情
改变自己可改变的东西	接纳不可改变的东西

阴阳平衡二元论与矛盾论的区别与联系

接下来,我们需要辨析阴阳二元相对平衡论与矛盾论。两者有很大的不同,同时也存在共性。两者的共性有:两个理论都承认世界是二元构成的;这二元的特性是相反的;这二元既互相依存又互相斗争。

阴阳论与矛盾论也存在巨大区别,主要有以下四点。

区别一:阴阳论更强调阴阳二元的共存、和谐、统一、互补,认为二元和谐、统一、互补是事物的主要方面。

在古代的太极图中,以白颜色代表阳,黑颜色代表阴,形状是太极鱼,白鱼和黑鱼是互相扭合在一起的,白鱼进入黑鱼肚,黑鱼进入白鱼肚,同时白鱼有黑眼睛,黑鱼有白眼睛,这个图形的象征含义就是强调双方你中有我,我中有你,双方的关系是和谐共存关系为主;而矛盾论更强调二元的斗争性、对立性,强调二元的对立斗争是事物存在的主要方面。

区别二:阴阳论对二元的特性做出了规定。

阴阳论明确指出:阳,是强力的、动态的、向上的、亢奋的、开放的、积极的因素；阴，是柔弱的、静态的、向下的、平静的、收敛的、保守的因素。矛盾论对二元的特性没有作规定。由于阴阳论对事物二元的特性做出了描述，因此在指导实践时操作性就大大提高了一步。

区别三：阴阳二元论强调二元相对平衡才是"好"的，不平衡是"不好"的。

事物的完善与发展，是不断依事物发展的目的，形成阴阳相对平衡。也就是说，事物发展与完善就是不断向"相对平衡"迈进，方法是不断地补缺或调整二元之间的关系。矛盾论则认为"不平衡"是"好"的，因为"不平衡"导致了事物的发展。

区别四：阴阳二元哲学认为阴阳二元的构成是由该事物存在的目的或意义决定的。

也就是说，阴阳二元哲学认为不同的管理目的有不同的二元。矛盾论认为二元的演化由其内部的原因决定，是客观规律的体现，与事物本身的目的与意义无关，世界是内因的展开。由于两者认识不同，就会导致对人的主体性的认识的不同，是人本主义还是非人本主义，就会产生不同的看法。

阴阳平衡二元论与中庸之道的区别与联系

在辨析完阴阳二元相对平衡论与矛盾论的区别与联系之后，我们还需要辨析阴阳二元相对平衡论与中国传统中庸之道的区别与联系。中庸之道是中国的传统文化之一，中庸指恰到好处，而不是指中间。人们常常把阴阳二元论与中庸之道混为一谈，实际上两者是完全不同的。

中庸之道是在事物的一元上增强或减弱，寻找最恰当的点，而阴阳二元论是在阴阳两个元素上的增强或减弱来寻找最恰当的相对平衡，即阴阳二元论是从两个角度思考，中庸之道是从一个角度看问题。

为方便理解，现在举一个真实例子加以说明：

笔者的一位学生是某大型国有企业总经理，学习阴阳二元论后，以善于运用见长。某一时期，该企业人员太多，客观环境需要减员500人，不裁员就会拖垮整个企业，所以裁员是不得已的行为。然而，裁员到50人时即闹得沸反盈天,直至四个多月后才由于被裁人员陆续寻找到工作而平息众怒。

其实,当时是2003年的中国,经济发展飞速,很少有食不果腹之人,之所以闹事,主要是心理难以适应而非真正没饭吃,此次裁员500人,估计会掀起滔天巨浪,如何更加平稳地裁员是个难题,该总经理创造性用二元相对平衡思维指导裁员,一举渡过难关,裁员相当平稳。

倘若从中庸之道出发,则是思考:裁400人是否更好? 300人是否更好? 直至……裁100人是否更好? 等等。这个最佳点恐怕难以找到,而我的那个学生却是如此操作:裁员下岗仍旧500,不过宣布其中100人半年后可以复岗工作,但并非裁员当下指定谁有复岗机会,而是以下岗期间表现论,半年后100人复岗,再另外裁100人,不过宣布其中20人半年又有复岗机会,同样机会给予下岗期间表现好的员工……

以此类推,同时强化培训,尽力给下岗员工介绍社会上其他工作,这样下岗、上岗有机结合,阴阳二元相对平衡,永远有希望在前,果然风平浪静,无人吵闹,因为一旦不配合,则没了复岗机会。其实,绝大部分人半年后都已找到工作,许多人还不愿意回来。另须说明的是,笔者无意评价该总经理此种方案的道德水平,也并不完全赞成这种方法,但就他对阴阳二元相对平衡理论的理解,是准确的。

由于这个例子便于说明问题,非常典型,便于读者理解,所以才举此例。

只考虑裁人的多少,只是一元思维;寻求最佳的裁人数量,则是中庸之道。同时考虑裁人与上岗就是二元思维;寻求裁人与上岗的相对平衡,即阴阳相对平衡。

学习阴阳平衡二元论可能遇到的问题

现在,笔者再对阴阳平衡二元论的十四个问题和可能存在的误区作一答疑。

问题一:阴阳之分是主次之分吗?

有许多人会误认为阴阳之分其实就是主次之分,他们认为:"阳为主,阴为次。"这是一个莫大的误解。阴阳在特性上是相反的,在地位上是平等的,谁都是不可缺少的,不存在主次问题。

　　如果存在主次，那么保留主要的，去掉次要的，事物的基本特性仍旧保留，事物的本体仍旧存在，事物没有灭亡。然而，阴阳之中只要缺掉任何一项，就是阴阳绝离，事物就解体了，事物本身也灭亡了。所以阴阳之分不是主次之分。

　　比如：婚姻由男女构成，一般而言男为阳女为阴（当然阴阳是根据特性而不是性别而分的，有的婚姻中女性活跃、积极、开放、胆大，男性则反而沉静、谨慎、内敛、小心，则此时女为阳男为阴），这男女之分却不存在谁主谁次的问题，谁都是不可缺少的，男女之分只存在功能与特性的不同，只要缺少其中的任何一个人，婚姻就解体了，婚姻本身就不存在了。又如，上级为阳下级为阴，只要缺少其中任何一个，组织就解体了。再如，天为阳地为阴，这世界中天地都是不能缺少的，不存在主次问题。

　　所以，既不要把阴阳简单地理解为主要矛盾与次要矛盾，也不要把阴阳简单地理解为矛盾的主要方面与次要方面。

　　问题二：阴阳二元论是封建迷信吗？

　　阴阳二元相对平衡理论与迷信是没有关系的，很多人谈到阴阳论，就想到了"算命"，这是一种莫大的误解！

　　阴阳二元论是一种哲学，是对宇宙运行本质规律的一种看法。阴阳二元论与迷信是没有关系的，它不能用于指导算命、预测未来、判断吉凶。古人的迷信活动披上阴阳哲学的外衣主要是为了提升迷信的形象和说服力。这并不能说明阴阳二元哲学等同于迷信。

　　这就比如现在有许多人为了证明算命的"科学性"和"现代性"，运用电脑进行算命，使算命似乎显得更准确了，但我们不能由此推断电脑就是迷信活动。同样道理，占卦披上了阴阳论的外衣，不能说阴阳论等于占卦，另外，本书所指的阴阳论和风水没有任何关系，笔者既不懂风水，也不对风水作任何评论。

　　各位读者，请想到阴阳论时多想想中国传统文化的瑰宝——中医，少想想算命，少想想风水，并强烈建议各位读者去读任何一本中医基础理论书，在任何一本中医基础理论书的第一章必然是中国传统的哲学思想——阴阳相对平衡哲学。

　　问题三：是"相对平衡"还是"绝对平衡"？

　　关于"阴阳相对平衡"的理解常有一种错误，即把阴阳理解成"阴阳绝对平衡"或"阴阳两个元素力量相等",这种理解是错误的。

笔者先解释为什么要阴阳两个元素共存。一般而言,为达到管理目的,都会发现采取某种措施是有效果的。但是,随着这种措施力度的增强,效果也越来越好,而副作用也越来越大。这种副作用常常会干扰或阻碍管理目的的实现。那么,减少副作用的措施有两种:第一种是减弱该措施的力度,但随着副作用的减少,正面作用也在减少,这种方法就是中庸之道;第二种方法是寻找特性相反的措施,来抵消前一种措施的副作用,这就是二元相对平衡。

再来解释什么是"相对平衡"中的"相对"二字含义。"相对平衡"当然是对"绝对平衡"的排斥,那么"相对"到何种程度才算"相对平衡"呢?这是许多人难以理解之处。一言以蔽之,要相对到基本上可以抵消对立面的副作用时就可以了。因此,阴阳中可能有强弱,也可能阴阳力量相等,到底最佳状态是什么?这取决于可抵消对方副作用的程度。

亲爱的读者千万要注意:此处所讲到的相对平衡不是指力量完全相等,而是指一方的力量的强度正好可以弥补对方的副作用,这是绝对不能搞错的概念。

问题四:为什么相对平衡才是"好"的状态?

为什么二元要相对平衡才是好的?这须从以下两个方面来回答。

第一个方面,可以用归纳的方法来回答。我们已经举了许多例子说明不平衡是不好的,这既是讲述二元相对平衡管理哲学的运用,同时又是对二元相对平衡哲学的证明。

第二个方面,可以用归谬法来证明。"好"是一个相对的概念,如果二元相对平衡比二元相对不平衡更糟,换言之,二元相对不平衡比二元相对平衡更好,势必可以推导出这样的结论:越不平衡越好,而不平衡的极端——一方极端的"大",接近于无限;另一方极端的"小",接近于"无"——就是最"好"的了。众所周知这种状态是不好的,它用两个字来描绘就是"崩溃",又称为"阴阳绝离",中医里的"阴阳绝离"就是指"死了"。

读者应把本书全部看完再回头想想,本书就是论证相对平衡是好的过程。

问题五:管理调整的正确操作,是"治标"还是"治本"?

对各类组织进行诊断,然后开方、治疗(调整),其原则和中医一样,就是"事急治标,事缓治本,总体标本兼治"。

所谓治标,即应付急事,常常是些具体的问题,主要是调整一些层次较低的阴阳失衡。比如,员工积极性不高,怨声载道,问题严重,可以先从给予福利入手,可以很快见效。

所谓治本,就需要从根本进行调整,主要是调整一些层次较高的阴阳失衡,比如,员工积极性不高,先给予福利仅是治标,应查明主要的阴阳是否失衡了,利益机制与文化建设是否失衡了,决策机制是否出了问题,然后给予调整。

但是,治标与组织问题的紧急状态有关,怨言极大,可先给予福利遏制一下怨言,但形成问题的原因没有彻底解决,等情绪稍稍平静,再调整高层阴阳,之所以说"事急治标,事缓治本"是因为治标见效快,治本见效较慢,比如组织文化建设没有三月半载之功,不会见效,而给予福利立刻可致员工喜笑颜开。

治标与治本并不是绝对矛盾的,治标的同时也可以治本,治本的同时也可以治标,一般而言,组织管理出了问题,先以治标的手段应付一些急务后,用标本兼治的原则进行管理调整。在管理调整中,最常见的错误之一是:只是治标而忘了治本。

问题六:阴阳可以互相代替吗?

阴阳之间的关系是你中有我,我中有你,即阴中有阳,阳中有阴,可参照阴阳太极图。

问题七:管理中阴和阳是固定的吗?

在管理中的阴阳划分,是随目的而分,也随目的而转。同一事物,在此目的中为阳,如果管理目的相反,它可能转化为阴。有人进而要问,那目的如何定?目的由上一层次目的而定。又有人问,管理的终极目的如何产生?这是另一个哲学问题,此处不作回答,因为这又是一篇长篇大论,笔者准备在另外一本书中回答这个极其复杂、本质的问题。当然,这也是一个很有意义的理论问题。

问题八:不同层次、不同范畴的内容能构成阴阳关系吗?

阴阳在同一层次可成立,阴阳是就同一范畴而言。例如,白天为阳,晚上为阴。同是白天,上午为阳,下午则为阴,但上午和晚上不能随意确立阴阳关系。又如,在社会管理中,以西方社会为例,刺激提升欲望为阳(比如市场经济),收缩欲望为阴(比如宗教),欲达和谐社会之目的,必须让提升欲望与收缩欲望处于相对平衡状态,这两者为阴阳关系。但是,不同范畴的内容不能构成阴阳关系,白天与宗教就不是阴阳关系,它们处于不同的范畴。

某事物在某一层次为阳或阴,在另一层次可能相反。例如,水与火,水为阴,火为阳;又如,水与冰,则冰为阴中之阴,水又为阴中之阳。因此,阴阳具有灵活性,不是一成不变的。另外,不同层次的阴阳不能凑成一对来分析,就像火与冰,貌似是阴阳关系,实际上不对,因为它们间隔了一个层次,所以不是阴阳关系。

又如人的行为调控,利益机制建设为阳,组织文化建设或思想工作为阴,而组织文化建设又可分为下一层次的阴阳,建设好文化为阳,消灭坏文化为阴,但是不能把利益机制建设和消灭坏文化凑成一对阴阳,如硬把它们凑成一对,会推导出一些错误的管理措施,因为它们是不同层次的问题。

讨论阴阳的问题,必须是在同一范畴、同一层次上,如果在不同的层次、不同的范畴讨论阴阳是没有意义的。初学二元相对平衡管理理论的人常会犯一种错误,就是把不同层次、不同范畴的东西列为一对阴阳,进而分析出似是而非的结论。这是因为对于初学者而言,如何划分阴阳是有一定难度的。

问题九:学习二元相对平衡管理哲学的意义是什么?

第一,可以加深对复杂管理现象的理解,可透过事物的现象看到本质。不但能知其然,而且更能知其所以然。学习了二元相对平衡管理理论以后,初学者常有一种感觉,似乎对纷繁复杂的现象豁然开朗了,事物变得简单了,这是因为透过事物的现象看到了问题的本质。

第二,可以使管理系统化,加深学习者的系统观念,避免在管理中出现"头痛医头,脚痛医脚"的现象。阴阳论是从整体上看问题,强调整体管理,这就如中医与西医的区别:中医强调整体施治,西医则从局部着手。

第三,用二元相对平衡管理哲学去检查管理中的实际问题,很容易发现问题所在,即二元当中的缺口。这一理论在管理诊断中有较高的实用性。在实际管理诊断中,有一种简单的方法,即拿着阴阳平衡表逐项询问被诊断组织的负责人如下两个问题:这一对阴阳关系具备了吗? 它们互相之间的强弱相对平衡了吗? 如果阴阳有缺口则在管理中补齐,如果阴阳相对不平衡则在管理中调整其强弱,这样就很容易发现问题并提出解决措施。

第四,可以启发思维,激发创新。二元相对平衡管理理论提供了一种新的思维方法,可使人更容易找到解决问题的新方法。阴阳平衡会促使人们考虑问题二元化、多层次化、逆反化,常常可以思索出新的解决问题的方法。

问题十:阴阳论的发展历程是怎样的?

阴阳论是一种宇宙观,产生于公元前8世纪初,是古代先贤试图以自然力量解释我们的世界,它代表了一种科学探索的倾向,总是和事实打交道。就这一点来说,它对现在的世界也是很有现实意义的。

有关阴阳的著作有《易传》和《易传注释》,以及《洪范》和《月令》,阴阳论著名的学者有邹衍,他提出了"五德终始说"。后来阴阳论和儒家合而为一,其代表人物是董仲舒。在董仲舒看来,一年四季的变化是阴阳二气运行的结果,他在《阴阳义》中写道:"天亦有喜怒之气,哀乐之心,与人相符。以类合之,天人一也。"这就是天人合一的起源。这种天人合一学说严重约束了古代皇帝的行为,并且对中医的治疗,尤其是针灸产生了重大影响。

公元1017—1073年,出现了一位著名的将阴阳论与儒家相结合的人物——北宋理学家周敦颐,写了一本书叫《太极图说》,他写道:"无极生太极,太极动而生阳,动极而静,静而生阴,静极复动。一动一静,互为其根;分阴分阳,两仪立焉";"阳变阴合,而生水、火、木、金、土;五气顺布,四时生焉";"五行,一阴阳也;阴阳,一太极也。太极,本无极也。五行之生也,各一其性";"无极之真,二五之精,妙合而凝。'乾道成男,坤道成女。'二气交感,化生万物。万物生生而变化无穷焉。"同期还有一个叫邵雍的人,也从《易经》发展出了宇宙论,并以图解说明它的原理。

另外一位儒家和阴阳论合二为一的大学者是张载,他特别强调"气"这个概念,这个"气"的观念在后来更新了儒家的宇宙论和形而上学的思想,越来越居于重要的地位。他的主要著作是《正蒙》。《正蒙》中的《西铭》特别著名。后来还有些学者对阴阳论又有一些新的发展,同时也衍生出一些糟粕,如迷信活动。新文化运动之后,阴阳论一度被误认为是封建迷信。幸亏中国还有一大帮老中医,顽强坚守中国传统文化,才把这一路学问勉强地保留下来。

问题十一:我们追求的和谐社会如何实现?

人们追求和谐社会与和谐管理,但可能并不清楚达到和谐社会与和谐管理的方法。实际上,和谐社会与和谐管理的本质就是二元相对平衡。在向二元相对平衡迈进的过程,就是不断地建设和谐组织的过程。社会的阴阳二元相对平衡了,社会就和谐了。

对于和谐社会,人们有以下两种主要的误区:

一是认为稳定社会就是和谐社会。实际上,稳定社会可能并不和谐,因为用强力把问题掩盖住,或用技巧把问题后延,也可能导致稳定,因此这样的社会仍旧是不和谐的,问题是迟早要爆发的。

二是认为大同社会就是和谐社会。这里的大同是指大家一样的意思。但是,大同社会是极不和谐的社会。比如,在完全施行计划经济的年代,实施平均主义大锅饭的政策,大家的收入确实是差不多了,但是国民经济一度停滞了,大家缺吃少穿,这谈不上是和谐社会。再举个极端的例子,假定这个社会性别也大同了,没有男女之分,也即没有阴阳之分了,只有男人或只有女人,恐怕这个社会也不和谐了。

只有社会的阴阳全面平衡了,和谐社会才会有希望。

问题十二:世界为什么是"二元"的?

世界是二元的,这是基于大量事实观察的结果。中国人对世界是"二元"的这个观念是普遍接受的,这是因为矛盾论宣传的结果。阴阳论和矛盾论都共同承认世界是二元的,如需看这方面的详细论述,可以任找一本唯物辩证法书籍研究。学者的任务在于发现新的东西,旧有的东西请读者参考其他书籍。

问题十三:管理中二元划分取决于目的,目的是由什么决定的?

关于这个问题,大概要准备十余万字来论述。如果把这个问题放入本书来解决,会产生本末倒置的效果。本节的任务是说明二元相对平衡管理哲学是什么。至于管理的目的如何决定,笔者会在另一本书中做出详细的回答。

问题十四:本书的阴阳论与中国古代的阴阳论的异同是什么?

比较本书的阴阳论和古代的阴阳论是篇哲学大作,而本书任务的着重点在管理,所以本书无法承担起比较异同这个任务。只能告诉读者本书的阴阳论和古代的阴阳论既有相同之处又有所不同。最大的不同是,以前从无人运用阴阳论来重新系统地构建管理学的决策、人事、领导、协调、控制等基础理论,也从未有人用它来系统分析社会管理。

最后,我们再总结一下本节的12个主要知识点:

（1）宇宙间万事万物分阴阳，阴阳同层次同范畴；

（2）阴阳相对平衡，事物就健康地运行发展；

（3）阴阳互生共存；

（4）阴阳可分，以至无穷；

（5）阴阳至极而换，重阴必阳，重阳必阴；

（6）诸对阴阳中有主次之分；

（7）管理整顿的原则是：事急治标，事缓治本，总体是标本兼治；

（8）管理中阴阳是随目的而分，同一事物目的相反，阴阳不同；

（9）阴阳相对平衡主"和"，矛盾论主"斗"，两者主要共性是承认世界是二元的；

（10）阴阳论是二元思维，中庸之道是一元思维；

（11）用阴阳二元相对平衡的哲学指导社会管理，就是建设和谐社会；

（12）用阴阳二元相对平衡的哲学指导组织管理，就是建设和谐组织。

最后送读者一句话：把世界看得太简单，是幼稚；把世界看得太复杂，是世故；把世界由简单看复杂，再由复杂看简单，便是大家。

第六节 二元相对平衡哲学的实际应用：利己利他相对平衡论

人生最重要的阴阳平衡

二元相对平衡哲学是笔者学术体系阐述观点的重要基础之一，它的核心思想来源于中国传统文化，但又不完全相同，它的主要观点详见上一节的有关阐述。

用阴阳二元相对平衡的哲学指导社会管理，就是建设和谐幸福社会；用阴阳二元相对平衡的哲学指导组织管理，就是建设和谐幸福组织；用阴阳二元相对平衡的哲学指导人生管理，就是建设和谐幸福人生；用阴阳二元相对平衡的哲学指导健康管理，就是建设和谐幸福的健康身体。

那么，人生幸福最重要的阴阳平衡是什么呢？笔者认为是利己利他的相对平衡。

当利他的力量仅仅占到利己的力量在约20%以下，个体和环境就会存在严重的冲突，人际关系空前紧张，四处碰壁，个体会感觉到自己的运气非常差，进而影响到情绪，个体会感到非常痛苦。随着利他的力量占利己的比重逐渐上升，个体与环境逐步走向协调，自我感觉运气逐步好转，人际关系逐步改善，个人幸福感增加。当利他力量占到利己力量的40%左右，个体的心情是比较舒畅的。

但是，当利他的力量超过利己的力量60%以上，个体的幸福度反而掉头向下发展，表现为责任过重，个体压力巨大，产生负面情绪，失眠比例开始上升，抑郁症、焦虑症、强迫症比例均开始上升。

也就是说，利他过低或者利他过度，都会导致个体幸福度下降，这里要特别说明的是：上面提到的20%、40%、60%都是经验数据，不是精确心理测量，虽然不准确，但是比没有数据更具有指导意义。笔者在大量接触了60岁之前得癌症的患者之后，就发现在利他程度太低、利己程度太高和责任心过重的两类极端人群中，年纪轻轻就罹患癌症的比例很高。读者们只要去查查资料就知道，年纪轻轻就罹患癌症与情绪有密切的关系，这两类极端人群都是活得很痛苦的人，潜意识觉得活着没劲、活着没意思，潜意识发挥作用，导致身体免疫力下降，因此年纪轻轻就罹患癌症本质上往往是一种由于情绪不好而导致的慢性自杀。

人总是高估自己的利他心

由于社会暗示每个人都要做好人，都要讲良心，所以大多数人对自己的利他程度——是不是个好人、良心有多好——是高估的，大家总结自己为什么没有发财，为什么没有成功，为什么没有爬上社会高级阶层，总结来总结去，总是掉入一个荒谬的泥坑：我的良心太好了！

其实，良心太好的人是不多的，自认为良心太好的人是很多的。绝大多数人活不好的重要原因就是自私过度，利他心不足。所以，为什么很多人信了佛教以后感觉转运了呢？因为佛教叫人多做好事、多利他，所以对许多自私过度的人就起了作用，他们会发现自己对社会的适应度增加了，人际关系改善了，帮他忙的人多了，机会也多了，心情好了。由心理活动导致的心身疾病缓解了，于是感到是佛祖在保佑他。其实，多做好事并不是对所有的人都有转运效果，对于利他心过度的人，反而有雪上加霜的作用。我们不能苛求古人，不能去指责佛教，毕竟学术是不断发展、百家争鸣的。另外，要意识到佛教的有些说法虽然逻辑上不够严密，但对受教育程度不高的群体而言，"多做好事"指令清晰明白，便于执行落实。

当然上面分析的信奉佛教转变运气的例子，是指他不但烧香拜佛，而且认真研读佛教的各种佛经。仅仅是烧香拜佛，人的自私之心是降不下来的，对转变人的运气也是没有用的。

佛祖的本意是为人要减少欲望，而许多人在佛祖面前烧香跪拜，求佛祖保佑自己发大财、升大官、出大名、情场得意，如果真的佛祖有灵，知道中华大地青烟缭绕,无数徒子徒孙在求他升官发财,岂不是可笑吗?

在这里特别要说明的是:从心理学的观点看,热爱自己的孩子,为自己的孩子做奉献,不属于利他范围,而是利己行为。

很多人自认为全心全意为孩子着想,是一种无私的表现,好像自己没有从中获益,从而要求孩子感激自己,这是错误的。实际父母在孩子身上收获巨大,是他们在潜意识里希望自己生命永存的外化行为,孩子满足了你潜意识里永垂不朽的欲望,是你人生价值的表现方式,是你活下去的理由,是你的希望、你的未来,是你生命存在的原因,也是你老来精神的依托和安全的保障。请不要把自己养孩子的行为打扮成雷锋式的行为,好像只对孩子好,你自己没有从中获得好处。孩子感恩你确实是应该的,但是你感恩孩子也是应该的。

生活中还存在许多现象,个体认为自己如何高尚、如何利他,实际是为了满足自己的需求,是自私心的体现。

比如,

经常有自己当年没考上好大学的父母,由于补偿心理的作用,强迫孩子接受超过其智力、可承受范围内超高强度的学习,给孩子造成无穷的痛苦、身体损害、心理疾病。这些父母在意识层面是真的认为自己是为了孩子好,是多么无私,实际上是一种非常自私的行为。其潜意识的出发点是为了满足自己的愿望,是补偿心理的体现,观察这类父母常常会发现,他们自己的人际关系也很紧张、自感运气不好,本质是利己–利他处于不平衡的状态。

又比如,

有的父母自己过去太穷,一生没有发财,于是把发财的希望寄托在孩子身上,根本不顾孩子的天赋秉性如何。比如,孩子天生数学能力差,硬逼着孩子去学金融,而金融对数学的能力要求是极高的,这种天赋能力要通过后天努力是难以达到的。笔者就遇到过许多因为这个问题得抑郁症的孩子,这些父母都举着我是为孩子好的大旗,实际上为了自己好,是为了满足自己的私欲,为了让自己贫困的灵魂解渴!

还比如，

有的父母事业有成，就逼迫自己的孩子继承自己的事业，也不管自己的孩子是否具有这种天赋秉性。为什么人们喜欢逼着自己的孩子继承自己的事业呢？是潜意识希望自己长生不老，是追求永恒存在的体现，是为了满足自己的私欲，而不是从孩子的角度出发替孩子着想，真正为孩子好。

又还比如，

许多指责型人格的人，在他们的潜意识中，关注的焦点就是聚焦于他人的缺点。大多数指责型人格的人是自我价值感低的，他们通过指责别人来获取价值感、自我认同感，来安慰自己的灵魂。这是极度自私的体现，但他们无一例外都举着道德的大旗，声称：我批评你，是为了你好。

再还比如，

许多人有自己无数的细枝末节的规矩，诸如，毛巾怎么放，洗手以后甩手要甩三次，女孩呼吸不能太粗，擦手的纸要折三折等之类，这些生活中细小的规矩习惯都是个性化的，并不是社会公认的。但是，许多人却强迫自己的孩子、老公、老婆、恋人、亲友严格遵守，把自己个性化的标准当作世界真理，强迫他人接受，实际上是为了满足自我中心的需求。对孩子的教育中适度的清规戒律是要的，太多了就是过度自私，只是人们都打着为你好的旗号，没有意识到这是自私过度，这种类型的人也会发现和亲密的人关系紧张，冲突不断，运气不佳，情绪也容易变坏，身体健康也容易出问题。

又再还比如，

许多孩子坚决反对丧偶的父母再婚，理由冠冕堂皇，实际上都是很自私的意识或者潜意识，不是为了自己的面子，就是为了防止遗产外流。同样道理,强迫纯同性恋子女结婚也是一种非常自私、不道德的行为,纯同性恋是基因行为,是天生的,是基因突变形成的,与左撇子、身材高低、眼睛大小一样,不是道德选择而是天生的,父母强迫纯同性恋子女结婚,不但让孩子痛苦万分,而且害了孩子的配偶,让孩子的配偶莫名其妙承担无穷的痛苦。很多父母之所以这么干,多半是为了面子,或者传宗接代的需要,来满足生命永存的心理。

这样的例子是不胜枚举的,对于高唱着无私,实际上却是自私的行为,是大家要分清的。

利己心有多大,利他心也要有多大

人的获得成就的欲望可不可以无止境呢?在这里笔者还说明一下,无论这种欲望如何修饰装扮,比如称之为事业心、进取心、责任心,多数获得成就的欲望隐藏在潜意识深处的还是自私(除了改造社会的欲望,不属于自私的范围)。笔者给出的答案是:获得成就的欲望可以很大,但要配合相应巨大的利他心。结合其他条件,人是可能成功的,而巨大的利他心,恰恰是巨大的成就实现的必要而非充分条件。

也就是说:你的利己的心有多大,你就应该心怀相应之大的利他心。

第二章　亲子管理心理学

导言：

　　本章是父母学习的内容，让孩子参与学习是不妥的。在本章的学习过程中，需要父母深刻地反省自己，才能在既有的天赋条件下，把孩子教育得更好，还需要父母放弃不知不觉想证明"我是对的"的倾向，防止自我欺骗。如果有条件，几家家长共同学习，纠偏效果更好，向他人宣讲本章内容，也会起到很好的自我纠偏效果。

第一节 亲子关系总论

挖掘、培养、发展孩子的天赋，而非改造孩子

以人本主义哲学思想为基础对待亲子关系，重点在于挖掘、培养、发展孩子天赋中的相对长处，满足他的天赋兴趣，反对重点补短板，反对按外在的标准或者按父母的需求改造孩子。在中国，非人本主义的导向相对欧美国家来说非常严重，多数人培养孩子犹如养育盆景，不是根据树苗的天赋本性，而是根据主人的需要，扭曲树苗的天性，产生一种人造的、歪曲的"美"。在世界各主流文化中，很少看到类似盆景的艺术作品，类似的艺术作品只有少量可以在东亚偶然见到。世界主流文化会觉得盆景是残酷的、违背天道的、丑陋的。这种盆景式教育思想，是绝对错误的，是绝对要批判的。

很多父母喜欢根据外在的标准去改造孩子，主要是依据流行观点、从众心理来改造孩子，完全忽视了孩子丰富多彩的个性。

笔者碰到许多这样的悲惨案例：

2010年之后，社会上流传着一种观点：学习金融有前途。于是，家长产生从众心理，即使孩子数学不好，父母也逼着孩子学金融，孩子学得头昏眼花；即使孩子有医学天赋，父母也逼着孩子去学金融，孩子学得痛苦不堪；即使孩子口才很好，喜欢做老师，父母也逼着去学金融，这个案例还算善终，这个孩子并没有成为金融家，但成了金融系的讲师，孩子还算是幸福的。还有的孩子有社会理想，想从政，结果被父母逼着去学金融，最终成了

银行柜台的验钞员；有的孩子有经商的长才，也被父母逼着去做银行柜台的验钞员。有一次笔者作为董事长亲自主持招聘，会场上来了三十余个留学生，笔者问道："不是学金融的请举手。"结果全场寂静，没一个人举手。这就是从众心理的悲剧，大家都去留学学习金融，却没有那么多的金融岗位工作。

又有一段时间，社会上流行考公务员，特别是在三四线城市，许多父母认为做公务员好，即使孩子性格非常内向，父母也逼着去考公务员；即使孩子擅长做生意，父母也逼着去考公务员；即使孩子是数学天才，别学数学了，去考公务员！还有的父母花了人民币50余万元，到处补习，终于把孩子弄进了公务员系统，每个月薪水只有3 000元，换来了孩子一肚子的不开心，那么这个决策到底是否明智呢？

每年高考的时候，都有很多家长来咨询我，绝大多数家长问：学哪个专业好啊？他们所说的好专业，实际就是指好赚钱的专业。很少有家长问：鞠教授，我孩子的人格特征是什么？我孩子的特点适合学哪个专业？

还有的父母喜欢根据自己的需求、喜好、厌恶、补偿心理去改造孩子。比如，父母是学理工科的，孩子明明有写小说的天赋，就因为父母喜好理工科，强迫孩子接受自己的喜好；或者自己当年没考上法学院，成了终生遗憾，就逼着孩子去学法律，满足自己的补偿心理。又比如，自己有一场刻骨铭心的初恋，被情敌破坏，这个情敌现在是个厨师，自己的儿子又特别喜欢做厨师，于是坚决反对儿子做厨师，实质是父母厌恶的投射。还比如，母亲逼着女儿学钢琴，实则统计数字证实：母亲高强度逼女儿学钢琴，绝大多数情况是为了表达对老公的不满，实现自己的公主梦。再比如，希望孩子光宗耀祖，其实是为了自己有面子……如此培养出的孩子不可能有幸福的人生。

而且，父母的这种盆景式教育，无一例外地高举着道德的大旗：我都是为你好！

多数父母几乎真的相信自己是为了孩子好，如果认真反省，实质是为了父母自己好，是父母自私的体现。

正确的做法是，我们要根据孩子的相对长处和兴趣出发，在各种尝试中选择一个相对较好的。那如何去发现孩子的天赋呢？没有捷径可走，只得带孩子广泛尝试、广泛接触各种事物,在不断的试错中寻找孩子的相对长处。有条件做系统心理测量也是可以参考的,但要提醒大家的是:开发心理测量量表需要大量数据做基础,成本巨大,大多数网上免费的心理测量多是不可靠的,多是经验型的,没有数据基础的。

接纳一切不可改变的天然特质

人本主义的哲学观点是:人的天然属性就是合理的、善的、道德的。各位家长要学会无条件接纳孩子的一切天然特质。比如,性别是男孩和女孩就是天然属性,无论是男孩还是女孩都是合理的,都是对的! 男孩不比女孩好,女孩也不比男孩好。性格内向还是外向,是基因决定的天然属性,无论内向还是外向,都是合理的,凡父母企图把内向的孩子改造成外向的,或者父母企图把外向的孩子改造成内向的,都是错误的,甚至是罪过的! 无论孩子相貌怎么样,都是基因决定的,都是合理的。无论孩子是文科思维还是理科思维,都是对的。无论孩子是同性恋、异性恋还是双性恋,目前主流学术界认为同性恋是基因突变造成的,不是孩子后天学坏,也不是道德问题。无论孩子是左撇子还是右撇子,都没有必要去改变,已经有大量统计证实,强行改变左右撇子,弊大于利,心身疾病比例都升高了。

在这里要特别指出:智商也是基因决定的。学习可以增加知识,但对智商提高的效果微乎其微。学习方法可以提高学习成绩,智商却几乎没有变化。对不同智商的人传授同样的知识,学习成绩差异极大,对不同智商的人传授同样的学习方法,成绩都提高了,但成绩提高的程度有差异,这就是智商在起作用。智商是有继承、有突变的,但智商突变是没有固定方向的,有的孩子变得比父母更聪明,有的却变得比父母更笨。总体而言,高智商父母,生出的子女平均智商也高。智商低应该怪谁? 怪孩子吗? 不对! 怪父母吗? 也不对! 这和父母的主观努力没关系,只能怪运气不好。

很多家庭,一到孩子上小学时,家庭立刻闹得天翻地覆,因为90%的父母发现,自己的孩子没有名列前茅,于是父母们削尖脑袋找原因,这些原因都是似是而非的，或者以次代主的。比如，将孩子的错误归于向配偶模仿的结果，孩子的优点归于模仿自己，或者认为孩子的学习时间不足，为孩子到处去找补习班；或者认为孩子跟错了伙伴学坏了；或者认为看某个电视剧学坏了；或者认为邻居家的狗声音太吵了导致孩子无法专心学习；或者认为是玩手机导致的，立刻没收手机；或者认为营养不足……总之要找到一个容易改变的原因，才能心满意足。

在此，笔者给家长一个学术界的主流观点：

绝大多数的孩子学习成绩无法长期名列前茅是因为他的智商是正常的！

凡是学习成绩长期名列前茅的孩子，其智商都是超正常的！

学习成绩没有名列前茅，大概率说明你孩子的智商是正常的，是基因造成的，谁都没有什么过错，中国父母要向欧美父母学习的最重要的一点就是完全无条件地接纳孩子的天然智商！

笔者身边学霸成堆，这些学霸有没有是父母处心积虑培养出来的呢？有没有是父母严管出来的呢？有没有幼儿园就拼命超前早教的呢？没有！一个也没有！都是父母不用操心，很自然地就成了学霸，也许我的样本量还不够大，样本量大了，应该有个别反例，但总体结论是不变的。

再次强调：对于你的孩子的智商，也许"认命"是更科学的方法。

教育孩子利己利他要相对平衡

人生幸福的必要条件之一是利己利他的平衡性，两者须达到一个相对平衡的状态。

过度利己与过度利他都会给人生造成许多麻烦与痛苦。过度利己之人，周围人都对其敬而远之，他会感到人际关系异常紧张，没有人愿意帮助他，孤独感强烈，社会支持力量很弱，发展机会非常少，个体感觉非常痛苦。

过度利他之人，责任心过度，把过多事情都想揽在自己身上，造成自己巨大压力，也是抑郁症、焦虑症、强迫症的高发人群。

当然，例外也是有的，比如有的人智商超高，百万人群中才产生一个，也能弥补过度自私的不足，或者抵充过度利他带来的压力，但这种概率是非常小的，是不能去追求的，全凭运气。

但是，统计数据表明，我们绝大多数人都是自私的，即多数人利己心超过利他心，只有非常少数的人是利他心超过利己心，这个比例在人群中只占0.8%左右。利他心与利己心相等的人差不多是占3.2%，约96%的人利己心超过利他心。

笔者凭经验估计，利他心没有达到利己心强度的40%左右的人，约占到人群总数的75%，还有约25%的人，利他心强度还没有达到利己心强度的20%，也就是还没有达到社会基本适应线，人生麻烦极多。所以，我们绝大多数家长，需要教育孩子提高利他心。让孩子们去学国学、多去做好事但不求眼前的回报，做到利己利他的平衡，人生才可能更加幸福。

在笔者的学术体系中，对孩子的爱不属于利他的范畴，而是属于利己的范畴，爱孩子是人的天性，是为了基因遗传，所以对孩子的爱不属于利他。加之，还有许多人是假利他，所以许多人的问题是利他占到利己的强度没有达到20%。

什么是假利他呢？

比如，不少人的"孝"是假"孝"，仔细观察，他们不是在求"孝"，而是在求"孝"之名。或为追求自己是个好人的道德快感，或为平衡自己的内疚感、焦虑感。比如，许多人自己在城市生活，不顾父母的强烈反对，强迁农村父母于城市，父母却因不适应而痛苦不已。这样做不是为了父母的幸福，不是利他行为，而是为缓解自己焦虑，或者怕承担"不孝"的罪名。真正的利他，是为了让父母幸福，情愿承担"不孝"的罪名。比如，你老母亲单身七十岁，你可否做到不在乎外界看法，年年询问老母是否要帮忙介绍老伴？这才离真爱、真孝进了一步。

又比如，海瑞为获清官孝子名声，逼妻子上吊，逼幼女自杀，强分恩人田产给穷人，逼恩师救济孤苦流浪的人，名声大振，大义灭亲之赞盈天，以笔者的学术观点视之，这非大爱，本质是为获大爱之名，实为大自私者，且为人格障碍者，极度追求道德快感，实是内心极度低价值感的反映，或是做了极大坏事的补偿心理。

还比如，有的人借口大爱，爱撒远方，无睹旁人痛苦，或是本职工作不好好做，却高唱大爱，月月捐钱于远方，母亲无钱医病，工作一塌糊涂，这些都是假利他、真自私,是为获大爱之名,这是要痛责之的。

再比如,有的父母将自己的审美观强加给孩子,逼迫孩子穿他们自己不喜欢的衣服。表面是为孩子好,实际上是为了让自己养眼。

有的家长迫使子女选择自己不喜欢的专业,表面是为孩子好,实际上只是觉得那个专业能赚钱。

有的长辈隔三岔五问后辈找了男朋友、女朋友吗?表面是为了后辈好,实际上是为了满足自己八卦的需要。

这样假利他、真利己的例子不胜枚举。

所以,剔除上述情况,要真正做到利他占到利己的20%比例,还是挺不容易的。绝大多数人,人生不幸福的重要原因之一是利己利他相对不平衡,没有做到利他强度占利己强度的40%左右,甚至利他强度还没有占到利己的20%。根本就谈不上人生幸福。

孩子是父母的复制品

美国有一位著名的心理学家叫萨提亚,她经过大量数据统计,得出了亲子教育中非常重要的行为模板理论:孩子是父母的复制品。换言之,孩子对外界的行为模式(即通常讲的性格)主要是模仿父母形成的,其中,同性别模仿率约70%,异性别模仿率约20%,剩下约10%来自社会。

根据行为模板理论,一个男孩子,他的行为模式有70%的概率主要模仿自父亲,有20%的概率主要模仿自母亲;女孩则正好相反,她的行为模式有70%的概率主要模仿自母亲,有20%的概率主要模仿自父亲。因此,如果妈妈是一个指责型人格,女儿有70%的概率也是指责型人格;如果妈妈是一个回避型人格,女儿有70%的概率是回避型人格;如果爸爸是一个抠门大王,儿子有70%的概率也是抠门大王;如果爸爸非常自私,没有感恩心,儿子有70%的概率也非常自私……

由此观之,**孩子的问题主要是父母的问题**!孩子厌学、网瘾、失眠、抑郁症等大多与父母有密切的关系,父母要对孩子的问题负责。看到这儿,或许有部分父母难以接受,请你们先放下自己的评判,相信学术权威的观点,因为这不是某个人的经验或猜测,而是由大量数据证实的。耐心地将本书看完,你会有意想不到的收获。

亲子关系三阶段理论

亲子关系的三阶段依次为依赖关系、陪伴关系、平等关系。

依赖关系一般指0～3岁阶段,此时孩子安全感的确立是来自母亲的心跳声音和气味,这个声音和气味是孩子在子宫时记录下来的。在依赖关系阶段,将小孩脱离母亲,由爷爷奶奶或者外公外婆在异地抚养是不可取的,即便爷爷奶奶、外公外婆对孩子很好。孩子长期听不到母亲的心跳,闻不到母亲的气味,安全感会严重缺乏。心理学研究表明,幼年安全感的缺乏是造成孩子成年心理问题的首要原因。因此,在依赖关系阶段,母亲与孩子不能长期分离。

陪伴关系一般指3～18岁成人之前的阶段。在这一阶段,孩子有了一定的自理能力,但还无法独立生存,需要父母时时陪伴在孩子身边。

平等关系一般指孩子成年之后的阶段。此时,孩子已经完全具备了独立生存的能力,父母与孩子的关系是平等的。

在孩子的成长过程中,父母要逐步放弃自己的权威,转化为平等关系。在幼年阶段,由于孩子体力、智力均未发育成熟,父母可以直接规定孩子可以做什么、不可以做什么。随着孩子逐步成长,孩子会拥有自己的判断能力,此时父母应尽可能地给予孩子自由,让其有权利自己选择。举个例子,在谈恋爱这件事情上,如果父母发现孩子在小学或初中就开始早恋,由于此时小孩心智还未发育成熟,一般情况下需要出手干预(干预需要一定的技巧,详见其他的章节);如果是大学谈恋爱,此时孩子已经有了独立判断的能力,父母需要给孩子充分的自由,可以给一些建议,但最终的决定权要交给孩子。

再次重点提醒:亲子关系演变过程的总趋势是父母逐渐学会放弃掌控权的过程。

成年后的心身疾病与早年经历有关

研究表明,成年人70%～80%的心理疾病都与早年的经历有关。心理疾病与心身疾病大多是幼年种下的因，在成年后某些刺激源的作用下，发作成了果。只有20%～30%的心理疾病是刺激源直接导致的，且刺激源需要足够强烈才行。在与早年的经历有关的心理疾病中，又有约70%的人有安全感不足的问题。因此，在孩子幼年时期，父母要给予孩子足够的安全感。

造成孩子不安全感的四个主要原因是：父母离婚、父母关系不佳、0～3岁长期脱离母亲、3岁后长期脱离父亲。笔者在此特别要说明，办好离婚证瞒着孩子假装生活在一起是没有用的，孩子照样会安全感不足，因为存在潜意识沟通。潜意识沟通是在语言交流之外，存在的一种沟通机制，我们通常说的默契、直觉、心灵感应都属于潜意识沟通的范畴。潜意识沟通在生活中的例子有：母亲临死之前，孩子即使在千里之外也会感到焦躁不安；孪生兄弟姐妹经常生同样的病；丈夫出轨即便瞒得很好也会被妻子发现等。父母离婚瞒着孩子，会通过潜意识沟通将离婚的信号传递给孩子，孩子接收之后同样会造成安全感不足。

不要求孩子做自己当年也做不到的事

每个孩子都是人，家长也是人，家长自己无法做到的事情，就不要去要求孩子做到。比如，在赖床这件事情上，多数家长自己也赖床，就不要去要求孩子按时起床。有的家长要求孩子"响鼓不用重槌，一说就改"。一说就改那是电脑，不是人！这样要求孩子，未免太过分了。有一次上课，笔者问大家对孩子有什么要求，结果学生们共列了几十条：

> 学习好、记忆力好、逻辑能力强、身体好、有领导能力、善良、宽容、有行动力、抗挫能力强、有毅力、身材苗条、不玩游戏、不拖拉、口才好、不偏科、跟老师关系好、跟同学关系好、有孝心、尊敬长辈、会做家务、衣服保持干净、乐观、体育好、知识面广、会点音乐、文笔好、没有逆反心理、知道节约、创新能力强、大气、不挑食、父母指出缺点立刻改正、善于反省自己过失。

我问大家："这样的孩子大家满意了吗？"还有许多人举手要增添条款，我阻止了,问了一个问题:"请各位家长扪心自问,这些要求,你们自己在青少年时代都做到了吗? 做到了的请举手。"结果400人的现场,没有一个人敢举手,请不要误会,以为这400人是普通人,笔者是在EMBA课程班上课,绝大多数学员都是企业老总、各类高管,基本上都是211或985名校出身。

这就是中国的现实,做父母的都望子成龙、望女成凤,不把孩子当人看,而是按神的标准要求孩子,符合上述条件的孩子,恐怕每年全中国也产生不了几个吧? 父母应把孩子当人看,不要求孩子做多数成人做不到的事情。

另外,笔者提醒各位家长:如果严格按照上述的标准去要求孩子,有95%以上的概率这个孩子会变成精神分裂症患者或者跳楼自杀,或者有严重的心身疾病!

父母应该对孩子怀着感恩的心

有的父母认为,我每天无微不至地照顾孩子,给孩子好吃好喝的,想尽办法让他活得更加快乐,为什么还要感恩孩子呢? 仿佛父母与孩子的关系中,父母只有贡献,没有收益,这种观点是不对的。

其实,生养孩子是有很大的收益的,孩子给父母带来的是:无穷的快乐、生命的意义、老来安全感的满足、永恒的价值感。我们每个人都在追求永恒的价值感,但是很遗憾,我们终免不了一死,养孩子是长生不老的补偿反应,养了孩子,我们会朦胧地感觉到自己的生命还在延续。我们也希望老的时候有孩子陪伴,有的父母或许不需要孩子给自己钱,但一定希望孩子能有精神上的陪伴,否则那种孤独的感觉是让人极其难受的。因此,养育孩子,既有付出,也有收获,孩子的笑容,孩子的存在,就是父母的收获,所以要感恩孩子。不要把自己打扮成只有付出没有收获的圣人。

中国高考成绩优秀并不一定等于人生成功

中国的许多家长把学习成绩看得太重,认为考上好的大学就万事大吉。这样的思路是错误的。中国的高考只考查了记忆力、一定程度的逻辑能力、自控力。但是，大量的统计数字表明，与人生成功关联度较高的品质还有抗挫折能力、换位思考能力、创新力、行动力、大气程度等，这些特质在高考中通通没有考查。而且，高考也没有考查沟通力、领导力、抓关键的能力、洞察他人心理的能力等。因此，在家长的教育中，不能仅以学习成绩的好坏来评价一个孩子，即便一个孩子成绩不优秀，但若能在其他方面发挥长处，他还是有可能成功的，更主要的是他可能是幸福的。世界上有无数的大学，从全世界范围内去选择，会有更广阔的机会。

另外，不读大学也可能成功，这样的例子比比皆是，许多成功的企业家学历并不高，但是他们读书很多。另外，在许多国家，高级蓝领技术工人的工资与社会地位远超一般大学本科生，中国未来也一定如此。

教育的最终目标是人生幸福，而不是人生成功

在目前的中国，人生成功主要指有钱。其实，人生成功、赚钱只是人生幸福的手段之一，人生成功的人，可能幸福也可能不幸福。笔者长期在大学教授EMBA课程，接触了大量的企业高管、董事长、总经理等外人看来非常成功的人。不幸的是，笔者发现他们中有相当一部分人过得并不幸福。有许多人年纪轻轻就得了抑郁症、焦虑症、强迫症，也有许多人有心身疾病（心理问题引发的生理疾病），比如高血压、糖尿病、脂肪肝、脑卒中、心脏病、慢性肠炎、慢性胃溃疡、皮肤病、头痛、失眠、腰痛、过敏性鼻炎、红斑狼疮、肥胖症、痛风、风湿性关节炎、甲状腺肿瘤，甚至年纪轻轻就患上了各类癌症。所以，各位家长要意识到，人生成功者不一定幸福，过度要求孩子人生成功，其背后多半是因为自己"好面子"。教育孩子的最终目标是为了孩子的人生幸福而不是表面上的"成功"。

第二节　亲子教育误区

如何做父母,是非常重要的一件事,却不需要学习就上岗了,这是一件很不合理的事。本节乃至本书的学习,会对很多父母产生巨大的冲击,这种冲击是有益的,学习本节,需要读者暗示自己,放下已有的观念,努力做到不为自己的错误辩护,认真地反省自己,而且笔者非常提倡几个家庭的父母一起学习本书,互相谈学习体会,互相督促,互相提醒,防止用各种各样理由来自我欺骗,论证自己的正确性,而一个人学习,最容易对信息进行选择性吸收,最终得出一个结论:我是对的,错的是别人!请放下心防,认真地反省吧,因为这样对家庭和孩子人生的幸福有很大的意义。

教育中没有贯彻利己利他平衡的思想

父母在对子女的教育中,常会忽略利己利他相对平衡的思想教育。笔者认为利己利他二元相对平衡是人生幸福的必备关键条件之一,过度利己或过度利他都会造成严重的社会适应不良,容易导致一系列的心理问题、人际关系不和谐等。但是,在父母对子女的教育中,这一项往往会缺失或会过度强调利己或利他中的一项。

这一问题实在太重要了,笔者再从不同的角度强调一下:

有的父母教育子女:"人不为己天诛地灭,要多为自己的利益考虑,做事的时候能占便宜就要占。"这样教育是很有问题的。人是社会性动物,是需要人群合作的,被过度利己教育的孩子,在与他人相处的过程中,只占便宜不给好处,很快就会被人讨厌、排斥,没法儿做成什么事儿。

过度利他者,因责任心过强,归因过度朝内,往往也易高发抑郁症、强迫症、焦虑症,同样不好。

笔者认为,人的本性是利己利他统一的,人的天性既有利他性也有利己性,绝对利己的自私者和绝对利他的大公无私者都是不存在的。因为从自然选择的角度看,绝对的利己者无法与他人合作,难以生存下来;完全的利他者不考虑自己,在危险的情况下也容易先牺牲自己,因此也难以生存。

教育中没有贯彻扬长避短的思想

父母对子女教育的第二个误区是没有贯彻扬长避短的思想。从人本主义哲学出发,在教育子女的过程中,应根据孩子的个人天生情况如智商、兴趣等,有针对性地发展孩子的相对长处,而非补短避长。

在中国,高考是绝大多数家庭教育的指挥棒,无数家长与孩子奋斗十几年只为在高考中取得一个好成绩。似乎大家默认只要高考成功人生就能取得成功,而高考失败,似乎意味着人生失败。这里笔者反复强调一个重要的观点,本书写作的时间为2020年,基于这个时间点,笔者不否认高考的确是一种人才选拔方式,但其所能测试出的能力维度是有限的,它仅仅测试出了人的记忆力、逻辑推理能力、自控能力、专注能力,但如创新能力、行动力、抗压能力、领导能力、周密计划的能力、主动行动能力、换位思考能力、感恩心、利己利他能力等对人生幸福和成功有重大影响的能力都没有被测试出来。因此,我们也能常常看到高考非常成功的人如各省状元,也不是必然事业非常成功的人,而事业非常成功者,也并非在高考中全是顶尖水平。

在早年教育阶段,家长们会在高考的统一大棒指挥下,一股脑地把孩子往记忆力、逻辑推理等高考所需能力方向培养,而忽视其他非高考能力的培养。这对高考能力突出的孩子是有一定好处的,但对高考能力不突出但其他能力强的孩子是不利的。把孩子的全部精力放在培养他不擅长的高考能力,而非他擅长的其他能力上,那最终的结果往往是高考失利,而其他能力也没有培养起来。

高考不仅会影响到孩子的能力培养方向,还会影响到具体兴趣的培养,比如孩子明明喜欢并且也擅长美术,家长却逼迫孩子放弃美术,全力学习文理科知识。这种行为就是拿孩子高考能力这个短处与别人的高考能力的强项竞争,结果大多数也是失败的。

特别提醒,笔者不是反对孩子参加中国高考,笔者本人就是北京理工大学与复旦大学毕业的;笔者也不反对孩子在中国高考中取得好成绩,而是强调,孩子的能力适合中国高考的,可着重培养,但孩子的能力不适合中国高考的,可将精力分散出来,重点培养孩子擅长的能力和兴趣。那么有人说,怎么解决文凭的问题呢?这确实是一个难题,但也不是无路可走,解决办法是将视野放在全球。

同样,高考后的专业选择也是如此,许多家长高考后选择专业的标准往往是哪个专业当下最热门、挣钱多就选择哪个专业,全然不顾自己的孩子是否擅长或能力是否与这个专业所需求的能力相匹配。

有的家长会问,孩子和我都不知道孩子的能力强项和兴趣爱好怎么办呢?这大概率是因为孩子将全部精力都放在课堂学习上了,早年尝试过的事情太少。多给孩子尝试的机会,在不断的试错中,家长和孩子才更容易发现孩子的能力长处、兴趣爱好。

暗示教育比明示教育的作用更大

很多父母没有意识到,暗示教育比明示教育作用更大。
比如,

指责型人格的母亲养育的女儿70%也是指责型人格,很少有母亲以明示的方式明确教育女儿要多批评人,但是母亲经常批评人,暗示的作用是巨大的,女儿的潜意识会不知不觉地学习。

又比如,

外婆要来家里住,母亲对外婆说:你外孙马上要初二期末考试了,等你外孙考完了,你再来住。这里母亲虽然没有明示教育儿子不孝,但她的暗示是:儿子的考试或者说儿子的个人利益比外婆重要,这种类似暗示多了,这个儿子成年后大概率是不孝的。

又比如,

父母明示教育儿子要好好学习,在行动暗示上父母却天天搓麻将,这个孩子是很难好好学习的。反过来,走到另外一个极端也是不对的,许多名牌大学的教授,为了给子女做榜样,故意每天没有必要地挑灯夜战工作到半夜,虽然教授父母的明示教育是要好好学习,但这样的子女也容易学习不好,因为这样一个反向极端会暗示子女:读书没什么用,都已经混到了教授了,还整天这么累,读书有什么意思?

再比如,

许多企业家父亲为了炫耀自己的功劳,经常在家里讲自己如何如何辛苦,再配上一张苦脸,以获得家人的认可。从明示的角度说,不少企业家从来都要求儿女将来好好学习企业管理,以便接班,但这种企业家的儿女会受到强大的暗示:当企业家不是什么好差事,累得像只磨面的转驴,有啥意思?这种企业家的子女多半是不肯接班的,有部分子女勉强学了企业管理专业,还是不肯接班。所以,企业家希望子女接班就应该给出当企业家不亦乐乎的暗示,当然当企业家是否真的很快活,这个问题是值得研究的。

再次请家长千万注意:暗示教育比明示教育重要。

为宣泄情绪,长期对孩子进行广泛的、无重点的批评教育

许多父母,尤其是母亲,喜欢对孩子进行广泛的、弥漫性的批评教育,每天

批评的内容涉及七八个甚至几十个方面的内容,孩子因此无所适从,感觉是一言一行都是错,逐渐麻木,对父母的批评充耳不闻。

这种教育方法是非常错误的,人的接受能力是有限的,人的行为改变能力也是有限的,人不可能在几十个方面同时进行改进,正确的纠偏方法是:每月就一两个重点,集中力量打歼灭战,这样才可能有效。

特别要提醒的是:喜欢对孩子进行广泛的、弥漫性的批评教育的母亲,除了为矫正孩子的行为偏差之外,还隐藏着一个不知不觉的原因,就是自己情绪不好,需要发泄怨气,于是看孩子什么都不顺眼。每个家长都要仔细地反省自己,在教育孩子的时候,是不是隐藏了这么一个自私的目的。

忽视感恩教育

感恩心是指个体的潜意识容易聚焦于别人对自己的帮助、有恩惠的地方。感恩心不是指口头上不停地说谢谢,但内心刻薄、对他人不满,而是潜意识真心地能认识到别人的好处,发自内心地感激对方。

人与人之间都是有潜意识交流的,感恩心强的人,会通过与周围人的潜意识沟通,调动他人的积极性,让别人觉得帮助他是有劲的、值得的,愿意帮忙的人多了,这个人的人生、事业自然就会变好。内心刻薄不满的人,即使口头上感谢不断,潜意识会透露出他内心的真实想法,他人也会感觉到的。当然,口头上表示感谢也是值得提倡的。

笔者曾经做过数据化的研究,找来了300个人,其中有总裁班、EMBA班感觉自己运气很好的社会精英人士,有普通人,也有感觉自己运气很不好的苦人儿。笔者让这些人分别对自己的运气打分,再对这些人做了各项人格测试,而后计算人格特征与运气分数之间的相关系数,所谓相关系数指的是两个组数据的同步性。从中发现,与运气正相关度最大的五个人格特征是:创新强、行动力高、智商高、学习的强度大、具有感恩心。其中感恩心与运气的相关程度是最高的,也就是感恩心越强的人运气越好。

因此,家长在养育孩子时,需特别培养孩子的感恩心。

千万记住:运气的核心是感恩心!

把孩子送入其能力不能胜任的好学校

许多父母都想把孩子送到一个好学校,以为好的学校里面师资力量强,孩子可以得到更好的教育,考上好学校的机会大,但是这些父母们忽略了一个重要的因素:孩子对于学习的情绪体验。

如果一个孩子被送入了他能力无法胜任的学校,他在学校的排名一定是倒数,他将受到无数的失败、冷落、嘲讽、挖苦、打击,他对学习的情绪体验将完全是负面的,进而失去学习的动力。这样做的结局是:孩子反而学习成绩更差了!

笔者遇到过这样一个案例:

笔者有一个学生,他有两个孩子,一个孩子成绩好一些,一个孩子成绩差一些,但都不是名列前茅。他想通过关系把两个孩子都送到上海最好的高中。笔者当时强烈反对,认为他两个孩子不应该去上海最好的高中,而是应该去差一点的,否则学习的情绪体验会相当负面,对学习成绩反而不利,但对方坚决不听。结果人自有命,他的两个孩子,成绩稍好一点的通过关系进入了好的高中,而成绩稍差一点的由于各种原因只能读一个相对比较差的高中。三年时间过去,高考见分晓。那个成绩好的孩子由于在学校经常排名倒数,对学习完全失去了兴趣,最终连三本都没考上,而成绩差一点的孩子,在高中反而排名靠前,学习动力更强,考上了一本。

对教育急功近利

大部分长期或严重的亲子问题和青少年长期或严重的坏习惯多是潜意识问题,是长时间积累的结果,有的家长希望在意识层面对孩子进行劝说,或希望做简单的思想工作就可以改变现状,这在理论上是行不通的。孩子好习惯的养成亦是如此。各位家长在亲子教育中一定要有耐心,对本书提供的各种方法,切不可只试验几次,发现没效果就轻易否定,孩子许多行为习惯的改变是一个长期的过程。

表面上"我都是为你好"，实质上是满足自己

如果细心观察的话我们会发现身边一部分人会有个共同点，就是他们特别喜欢高举道德的大旗，但行为上非常自私。受此暗示，许多父母也是高举着道德大旗，实际是为了满足自己的需求。

许多父母认为自己在教育孩子的过程中全都在为孩子着想，全心全意为孩子付出，只求孩子能有一个好的前途。他们在生孩子气时经常说的一句话就是："我都是为你好啊！"然而，当我们透过表象看到本质，就会发现，这并不全是为孩子好的无私表现，不少是为了满足自己需求的自私行为。

比如：

有的父母自己文化程度不高，当年没有考上大学，就逼着孩子学各种补习班，对孩子学习要求特别严格，只要孩子有一次考试没有名列前茅，就严厉地批评孩子，导致孩子产生许多身心问题。表面上看，这是关心孩子学习，其实父母潜意识是为了在孩子身上弥补当年没有考上大学的愿望，是一种补偿反应，本质是为了满足自己的需求。如果每个孩子都考第一名，这个世界怎么运行？父母自己能做到考第一名吗？

有的父母由于能力差，在外面无法满足领导欲，于是打着"我都是为你好"的大旗，对孩子的一言一行进行全面控制，以满足自己的领导欲望，当然父母都是不知不觉的，要深刻地反省才可能发现这个误区。

有的父母潜意识里内心价值感低，即表面自尊实际自卑，于是广泛地、频繁地批评家人以获取价值感，典型的就是指责型人格，也常常是打着"我都是为你好"的旗帜，做这种人的子女是痛苦不堪的。

有的父母出于让孩子子承父业的动机，比如自己是外科医生，即使子女有学化学的天赋，也逼迫子女去学医，表面上都是说为了你好，实际上是为了自己的私欲。

还有的人对于配偶十分不满，在孩子身上看到配偶的影子，于是把怨气发到孩子身上。当事人很可能是真心地认为是在纠偏孩子的错误，但如果仔细分

析,会发现实际是为了宣泄自己的情绪,而孩子做了无辜的牺牲品。

还有的人,本质是为了满足对儿子的占有欲,结果表现为干预孩子的恋爱,只要看见儿子恋爱就浑身不舒服,当然表面上都是说女孩这个不好那个不好,这个女孩要不得,都是为了儿子好,实际是为了自己好!

人为自己求私利是合理的,但是利己利他要平衡。许多人对孩子的养育,夹杂了过多表面利他、实际利己的行为,这样的人生活常常是很痛苦的。

出于从众心理对孩子进行教育

中国是从众大国。很多人不区分孩子个性特征,而在从众心理影响下对孩子进行教育——看到别的孩子在学画画,也让自己孩子学画画;看到大家都在学英语,也给自家孩子去报名;看到金融行业收入高,一窝蜂都去学金融;现在人工智能正是风口,少儿编程也掀起了一股热潮……在这样的教育方式下,许多家长无比焦虑,感到自己的孩子不去学这些就会在竞争中失去优势;而孩子们也非常可怜,各式各样的毫无兴趣的兴趣班占满了他们的课余时间,给孩子的童年留下了抹不去的阴影。

我们反对以从众心理对孩子进行教育,因为每个孩子的天赋秉性各不相同。有的孩子天生就没有美术细胞,他就不适合去学画画;有的孩子天生对数字不敏感,数学很弱,那就不适合学金融;有的孩子天生逻辑能力较低,学编程只会给其增加痛苦……

而且,大量的统计也发现,一个孩子小时候是否学钢琴、学画画等,跟孩子能否考上重点大学之间相关性几乎为零,父母完全没有必要在这方面焦虑。

否定孩子的基本面

基本面指总的、概括性的方面,比如孩子的性别、年龄、智商等都属于基本面。我们在批评孩子时,需要针对具体的事情,而不是针对基本面,因为基本面的东西是无法改变的。对孩子的基本面提出批评,目的不明,让孩子无法做出改变。举几个例子。

有的家长批评孩子:"你太笨了!"即便这是正确的,也不能说出口,因为智商是基因决定的,孩子不会因为这一句批评就变聪明,这样的批评目的不明。况且,孩子的智商是从父母那儿遗传而来的,批评孩子太笨了就等于在批评自己。我们家长要注意,如果把名列前茅定义为学习成绩排名前10%,那么你的孩子有90%的可能性没有名列前茅——这是非常正常的。无法改变的东西就请完全接纳。

有的母亲批评孩子:"你看你这副样子,就像你爸,遗传的!"同样的道理,既然孩子是父母生的,自然会像他爸爸,这是无法改变的,改了也不合适。相反,如果一个孩子不像爸爸,那才是一个比较严重的问题。

还有诸如:"你这么野,是男孩就好了!""你要是女孩就好了,女孩才是小棉袄!"这样的批评都是不妥的。

经常拿子女与其他孩子进行攀比

首先,每个孩子都有自己的特点和相对优势,是一个独立的个体,拿其中一个因素与别人的孩子比较,从而判定谁家的孩子更优秀是不科学的。其次,你所认为的"别人家的孩子",几乎都不是真实的,往往是道听途说,父母又在此基础上添油加醋,实际上是根本不存在的。父母拿想象中别人家的孩子与自己孩子进行攀比,孩子是不服气的,反而会导致父母权威下降。因为孩子们上学经常在一起相处,他会觉察到父母说的内容中有许多是不真实的。

如果一个孩子表面上是完美无缺的,那这个完美无缺一定是个假象,用二元相对平衡哲学的角度看,任何东西阴阳至极而换或者解体,完美无缺了本身就隐藏着巨大的危险,比如"北大弑母案"中的那个学生,一直是传说中完美无缺的,直到他把亲生母亲杀了,轰动全国。

以恐惧来控制孩子

个体幼年的安全感不足与成年的各种心理疾病有很大的关系。长期以恐吓的方式来控制孩子,会造成孩子安全感不足,形成创伤。例如,长期批评孩子说:"我没你这个儿子!""不要你了!""再不睡觉,小心我一掌劈你!"这些都是不可取的。

笔者曾治疗过一个强迫症案例,有一个来访者每天都要强迫自己洗手几十次,给他造成了巨大的痛苦以及严重的社会适应不良。通过几次咨询之后发现,该来访者之所以有强迫症,是由于小时候只要拉屎不洗手,妈妈就跟他说:"拉屎不洗手,手上有8 000万个细菌!"还给孩子看细菌的图片。孩子受到过度的惊吓,从此就形成了洗手的强迫症。

当然,恐吓的方法偶尔使用几次也是没有问题的,因为孩子不会脆弱到偶尔几次就形成创伤,但是长期使用恐吓来控制孩子的做法,笔者是坚决反对的。

在孩子0～3岁时亲子分离

我们复习一下一个重要的理论:0～3岁时,孩子安全感的确认主要来自母亲的心跳声与气味,这是孩子在子宫的时候记录下来的。如果孩子在0～3岁长期脱离母亲,会造成孩子安全感不足。安全感不足是心理疾病的一个重大的原因,绝大多数心身疾病都与安全感不足有或多或少的关系。

使得孩子将负面情绪与学习联系在一起

孩子的学习兴趣与孩子对学习的情绪体验密切相关。如果孩子觉得学习是开心的、愉悦的,那他自然会喜爱学习;相反,如果孩子觉得学习是痛苦的、是被逼无奈才去学的,则他会非常讨厌学习,一听到学习就会本能地拒绝。许多父母在培养孩子的过程中不知不觉把痛苦的体验与学习联系在了一起,这个内容在其他章节有详细阐述,请读者仔细阅读。

在孩子高中之前就送到国外一个人留学

有的父母或者因做生意,公司经营经常游走在灰色地带,内心安全感不足,想提前准备后路,或者是盲目从众跟风,觉得外国的教育就是好,高中之前就把孩子送到国外留学。

孩子长期脱离父母的陪伴，一个人在国外举目无亲，会造成孩子严重的安全感不足，孩子长大后得抑郁症、焦虑症、强迫症的概率大幅上升，且得皮肤类疾病、甲状腺疾病、消化系统疾病、顽固性头痛、风湿类疾病、高血压、糖尿病、癌症等心身疾病的概率也大幅增高，这是一个严重的失误。

此外，笔者也反对安全感不足的孩子高中出国留学。判断孩子安全感是否充足的一个简单办法是看孩子字写得大小，字写得大的安全感足，字写得小的安全感不足，该办法准确率约为80%。

全家围着独生子女转

独生子女政策下的家庭只有一个孩子，爸爸、妈妈、爷爷、奶奶、外公、外婆一家六口人把孩子当宝贝一样，生怕孩子受到一丁点委屈。孩子在这样的环境下过着衣来伸手、饭来张口、无忧无虑、有求必应的日子，自己仿佛就是小皇帝，而长辈则是一群宫女和太监天天伺候着，生活无比滋润。这同时也在孩子的成长过程中埋下了祸根。全家围着独生子女转，会造成孩子以自我为中心的倾向过强和换位思考能力差等问题。

等孩子成年步入社会后，就会发现自己从小到大形成的这一套应对方式对周围人没有效果，大家不会事事都顺着自己的想法来，造成人际关系紧张，无所适从。因此，在教育孩子的过程中，尤其是独生子女，更要舍得批评，要让孩子承担一定的责任。对于孩子提出的各种要求，不能事事满足，能满足时也最好延迟满足。

忽视子女抗挫折能力的培养

抗挫折能力指个体遇到挫折时情绪波动的幅度大小。波动幅度小，称为抗挫能力强；波动幅度大，称为抗挫能力弱。

抗挫折能力是人生幸福的重要条件之一。任何领袖和成功者，在前进的道路上，都会遇到无数的拒绝、讽刺、挖苦、失败和打击，会遇到无数的不理解、怨恨和批评，如果抗挫能力差，很快就会偃旗息鼓，退出战场。由于生活条件的改善，2020

年,孩子的抗挫折能力整体有减弱趋势。许多孩子声称要自杀的理由多为学习压力大、跟男朋友或女朋友分手、找工作不顺利、考研不顺利等,这些在40岁以上的父母看来大多是鸡毛蒜皮的小事。因此,家长务必重视孩子抗挫折能力的培养。

教育长期以批评为主

经典心理学理论指出,孩子是父母的复制品。如果教育以批评为主,孩子潜意识模仿学习,长大之后很容易形成指责型人格。指责型人格的特点是焦点负面、归因朝外、感恩心差,人生烦恼无穷、麻烦不断,且容易得诸如皮肤病、糖尿病、消化系统疾病、癌症等心身疾病。以批评教育为主的孩子还存在自我价值感低的问题,这样的孩子长大之后如果当了领导,对马屁的需求量极高,他的手下会不知不觉出现一群"马屁大王"。

当然,我们反对批评为主的教育,不是指一点都不批评。批评的量应控制在20%左右,表扬的量控制在80%左右,这样孩子才能够健康地成长。

在孩子面前暴露父母两人教育理念的分歧

如果父母双方在教育孩子的问题上有不同的意见,可以事先沟通商量,一旦确定下来,就不可在孩子面前显示出分歧,否则孩子一定是:哪个意见对他短期有利,他就听哪个。

比如,孩子犯了错误,父母决定给予他一定程度的惩罚:不带他去看电影。但若在此时,母亲心慈手软,不忍心看到孩子受惩罚,向孩子提出还是要带他去看。作为孩子,他一定会非常同意母亲的想法,跟着母亲去看电影,因为看电影可以带来快乐,短期对孩子有利。这样一来,惩罚孩子错误的目的便没有达到,孩子下次还会犯同样的错误,长期对孩子有害。

父母轻易离婚

笔者并不反对离婚,但反对的是轻易离婚,现在有些人离婚太草率了,一次旅游路径分歧、吃肯德基还是吃麦当劳、装修墙上刷什么颜色，甚至被窝里放屁都会成为离婚的导火索，请慎重对待离婚，离婚对孩子带来的心理创伤是巨大的。

离婚会给孩子的心理造成创伤，由此带来的问题至少有如下三个方面。

（1）安全感不足，成年后心理疾病高发。这个在其他章节会有详细论述。

（2）自我价值感不足。有一部分孩子在潜意识层面是这样理解离婚的："如果我足够可爱，爸爸妈妈即便是为了我，也不会离婚！"这就造成了孩子长大之后表面自信，内心实则自卑。

（3）对未来焦虑，甚至演化为焦虑症。离婚家庭的孩子由于从小受到巨大打击，潜意识会过度担心未来是否会发生坏事。我们每个人都会对未来有所担忧，但离异家庭的孩子担忧程度会大大超过社会平均水平。

当然离婚对孩子的心理损害并不止这些，这些是作为重点重复提醒，详细论述请读者仔细阅读其他有关章节。

在此，笔者还要提醒各位父母的是，如果两个人实在过不下去，已经离婚了，就不要瞒着孩子，假装还在一起生活。已离婚者，两人还在一起过，会通过潜意识沟通传递给孩子，造成孩子照样有上述三个问题，且假装在一起的矛盾会比分开更多，孩子的心理问题反而会更加严重。

过度早教，给孩子带来痛苦的学习体验

父母都很重视孩子的学习，也知道孩子学习的效果和积极性有很大的关系，但很多父母不知道：孩子学习积极性与孩子对学习痛苦还是愉悦的情绪体验有很大关系，同样是学习，不同孩子对学习的感受是有很大差异的。这很大程度上取决于父母的行为，如张三父母教育得当，张三只感觉学习是中等痛苦的。但在同样的学校，李四的父母教育不当，导致李四会认为学习非常非常苦。王二的父母教育更不当，王二甚至会因为学习的问题导致抑郁症，甚至自杀。

过度早教是造成孩子对学习感觉痛苦的重要原因。孩子的发育是有自然规律的，需要让孩子在合适的时间点学习合适的内容，有些父母希望孩子赢在"起

跑线"上，将高年级内容提前给孩子学习，或让孩子在同一时间学习大量内容，这会造成孩子对学习本身产生极大的负面情绪。

比如，让五岁的孩子与七岁的孩子同时学习数学加减法，七岁孩子一个小时能学会的内容，五岁孩子十个小时依然学不会，孩子学不好，自然会感觉非常劳累，自信心受到打击，给孩子造成巨大负面情绪，进而对学习的体验是非常负面的。

再比如，在孩子幼年时，家长报了各种兴趣班：识字班、诗歌班、作文班、英语班……孩子的时间被填充得满满当当，被学习整得头晕眼花，自然会对学习产生巨大负面情绪，对这些兴趣班实则毫无兴趣。

上述负面情绪体验，会进入孩子的潜意识，形成创伤反应，终身形成厌学的心理，这个孩子自然就不可能有好成绩了。笔者调查了大量211、985高校的学生，发现幼儿园认真先修小学课程的比例很低，特别是类似复旦大学的一流大学的学生，在幼儿园时代，就认真先修小学课程的比例特别低，绝大多数考上知名大学的学生不但幼儿园没有先修小学课程，甚至只是随便学了点字、认几个数而已，而且他们小学一年级所在的学校是重点小学的比例很低，也就是说，小学一年级是什么学校和孩子能否考上名牌大学没什么关系。为什么呢？因为孩子进了重点小学，一年级很容易成绩垫底，对学习的情绪体验彻底坏了，幼年可是形成潜意识的高峰，从此终身不爱学习，特别讨厌学习，也就不可能学习成绩好了。

忽视创新倾向的培养和创新能力的教育

笔者教过无数的总裁班，接触过无数白手起家的富翁，而且也见过无数的教授，这些人都有一个共性特征：创新倾向特别高，创新能力也特别强。然而，创新倾向和创新能力的培养，恰恰是中国中小学教育的短板，而且中国传统文化具有复古的特征，面对这个短板，就需要家长来弥补，鼓励孩子的创新倾向，培养他的创新能力。当然展开这个话题，篇幅极大，不是本书能够陈述的，笔者经常讲的另外一门课，叫"创新心理学"，有机缘的家长可以学习这门课。但无论如何，家长一定要重视孩子的创新倾向和创新能力的培养。

第三节 培养孩子学习兴趣的六大关键

建立孩子对学习的正向心锚

中国婚姻有"七年之痒"之说，就是到了婚姻的第七年左右，家庭矛盾爆发激烈，为什么呢？因为在第七年左右，孩子开始读小学了，90%的家庭发现自己的孩子成绩没有名列前10%，也就是没有名列前茅。许多家庭就犹如爆发了地震一样，拼命地找原因、找方法，夫妻间互相责怪：孩子的缺点都是从对方学来的，当然优点自然是自己的，于是家庭矛盾爆发，烦恼丛生，为平衡烦恼，婚外情比例增高，造成了"七年之痒"。

中国自古以来都有注重读书的文化环境，古人就曾有"书中自有黄金屋，书中自有颜如玉"一说，"金榜题名"更是中国古代的四大喜事之一。中国人对于孩子读书的重视程度在世界上是名列前茅的。

如果希望孩子学习好，在中国高考这条路上胜出，培养学习兴趣就非常重要了。

学习兴趣之于学习，犹如土壤之于树木，是基础，没有学习兴趣，孩子不会主动学习，更别说取得好成绩了。所以，培养孩子的学习兴趣是家长首先要做的事情。

这件事也可以反过来理解，你的孩子在中式高考路上能否胜出，除了天生智商因素外，很大程度取决于你如何让孩子厌学程度低，中国孩子学习太苦了，哪家的孩子主观感觉学习没那么苦，那么他在中式高考路上胜出的概率就大。

在这里先给大家介绍一个心理学规律：个体在接触到某类事物或人的时

候,个体获得正面的情绪体验,久而久之个体会喜欢上这类事物或人,我们把这种现象称为正向情绪链接,又称为正向心锚。

反之,个体在接触到某类事物或人的时候,个体获得负面的情绪体验,久而久之个体会讨厌这类事物或人,我们把这种现象称为负向情绪链接,又称为负向心锚。

要让个体喜欢某个东西的程度提高,或者讨厌某个东西的程度降低,办法是:尽量建立正向心锚,减少负向心锚。

培养学习兴趣的建议

基于上述基础,本书给家长提出培养孩子学习兴趣或者降低厌学程度的六个关键点。

1. 停止宣扬读书痛苦论,防止把读书的主观痛苦感放大

许多家长经常这样教育孩子:"孩子啊,书山有路勤为径,学海无涯苦作舟!""孩子啊,学习要吃得苦中苦,才可为人上人!""孩子啊,十年寒窗苦,才可跃龙门!""孩子啊,要拼命学啊,要拼命学啊!"

还有更极端的,号召孩子:"孩子啊,学习要头悬梁,锥刺股!"就是不想学习的时候,用锥子刺自己的大腿。

这种教育在家长中很常见,但这是不懂心理学的结果,这些教育有个共同的特点:就是强调读书是极其痛苦的事,简直是世界上头等倒霉的差事,笔者在催眠中经常听到孩子发牢骚:谁发明的学校,我讨厌他。

宣扬读书痛苦,会把读书的主观痛苦感受放大许多倍,比如本来读书的主观痛苦感是70分的苦,听多了读书痛苦论之后,读书的主观痛苦感就会变成350分的苦。就像一个工作单位,本来大家感觉很好的,后来呢,来了一个牢骚大王,天天说工作苦,公司差,结果周围的人受到影响,都会真的觉得很苦,这种主观痛苦感放大的现象是很常见的。

所以,父母给孩子宣传读书痛苦论、学习惨绝人寰论,会极大地放大孩子对读书苦的主观感觉。既然读书是如此痛苦,怎么可能有兴趣读书呢?

因此,这些语言统统要从各位父母口中彻底消失,这是最基本的。这件事做好了,虽然孩子的成绩不一定上得去,但做不好,麻烦就大了!

2. 提升对学习的好感度或者降低对于学习的厌恶度

现在的很多孩子,在他们的记忆中,学习给他们的体验是经常跟被打、骂、唠叨、批评联系在一起的。这些都是负面的情绪体验,如果孩子的学习和负面的情绪体验牢牢地粘连在一起,孩子对学习的厌恶度是很高的,是不可能有学习兴趣的,这是心理学的规律。即便打骂后孩子努力学习,也不是因为兴趣,而是理智克制的结果,用理智克制的行为都很难长久,过了段时间会更加不爱学习。

少量打、骂、唠叨、批评是可以的,但次数不能过多,这些惩罚与鼓励的占比,惩罚最多不能超过鼓励,最好约占到教育总量的20%,否则在孩子的记忆中,学习就主要跟负面的情绪体验链接在一起了,但也不能没有批评或者惩罚,凡是走极端的教育方法,效果都是不好的,惩罚是必须有的,但请控制在20%左右,即80%左右的表扬与激励,20%左右的批评与惩罚。这是"二八定律"的一种体现。

有人可能会说:"不会呀!上星期我猛揍了孩子一顿,他这几天学习好得很!"

的确,从短期来说,他这几天学习可能有所好转了;但是从长期效果而言,他一定对学习更加厌烦了。偶尔打一下是可以的,但次数多了,从长期而言,孩子一定是厌学的。

正确的做法是什么呢?

应该向犹太人学习,犹太人读书好举世闻名,他们的方法是:尽量让学习变得轻松愉悦,让学习与正面情绪体验链接,就算不能把学习与正面情绪体验相链接,也要尽量将负面情绪体验的数值降下来!

那么,犹太人是怎么做的呢?

我们吃蜜糖时嘴会感觉很甜,会形成一个正面的情绪体验。犹太人会把蜜糖涂在书里,从小让孩子去舔,次数多了,孩子在潜意识深处就会形成书是美好的、愉悦的、可爱的情绪体验,就容易终身喜欢书。许多中国人到以色列去取经,看看这个国家为什么科技如此发达,他们发现孩子在这个国家读书气氛和中国完全不同,中国是正襟危坐的、师道尊严的,而以色列是轻松的、尽可能好玩的。

他们这么做的目的是尽量减少孩子对读书的负面体验。

这里笔者给你们一个重要的建议：如果你们的孩子没有读书或者还在小学低年级阶段（三年级以及三年级以下），孩子要懂点事，脑袋里面有钱的概念，比如说五六岁或者七岁的时候，就不要直接给孩子钱了，孩子要钱的话，就把钱放在书房的书里面，让孩子去书里面找，找到多少就给孩子多少！而且不但如此，凡是孩子喜爱的小东西，比如巧克力、糖、电影票等可以藏进书里面的东西，统统都藏到书里面，让他去找。长期坚持，慢慢地，孩子的正面情绪就会跟书链接在一起了。

这么做的重点不是让孩子去识字，也不是去引导孩子看书，而是要在潜意识里把正面的情绪体验跟书链接在一起，跟犹太人一样。做个三年左右，孩子就会有这样一个固化心理状态跟随终身：只要他一拿到书，就会有一种不知不觉的、无法控制的喜悦感弥漫全身。这样他就容易终身爱学习了。

但是，如果小孩已经过了小学三年级，这种办法效果就打折了，为什么呢？因为潜意识形成的高峰是年龄小的时候，年龄越小形成的潜意识越顽固，到了小学三年级，如果小孩的潜意识里已有读书是倒霉差事，再使用上面的方法，效果就差多了。

3. 把学习当作奖励而不是惩罚

很多家长都会犯这样的错误：把学习当作惩罚工具。他们会对孩子说："怎么搞的，今天又出错了，罚抄单词一百遍！"

家长这么做就大错特错了，这会造成严重的心理伤害，让孩子形成顽固的潜意识：认为学习是一个坏东西。如果这么做个50来次，孩子就会有可能终身讨厌学习。

举个例子，

如果让学习表现好的研究生跟笔者去饭店吃饭，那么研究生们就会觉得跟教授吃饭就是一件天大的好事；和教授一起吃饭，很高兴、很开心。如果笔者明确规定：犯错误的同学去跟他吃饭，在吃饭时大批特批他的错误，洗刷他的灵魂，大家就会觉得跟教授吃饭是件坏事。那如果现在教授对你大喊一声"一起吃饭",你很可能会顿时脑袋天旋地转,凶多吉少的感觉油然而生。这样,研究生们是绝对不会喜欢和教授吃饭的。

教育孩子正确的做法可以是学习犹太人的做法,比如:"孩子! 怎么搞的,怎么又做错了,不准做作业!"这样,学习变成了奖励而不是惩罚。

有人会担心:不做作业,明天老师会骂孩子。不用管老师骂不骂他,主要就是要给他形成一个观点:学习是好待遇,学习是好事,学习是奖励。反之,学习变成了惩罚,学习在孩子的印象中是一件坏事,那谁还会要学习呢?

所以,要立刻改掉把学习当作惩罚的错误。

犯这种错误的大有人在,不但许多家长犯这种错误,老师也有犯这种错误的,这都是不懂心理学的恶果。

所以,许多学生觉得学习是痛苦的、倒霉的,只有一些天生克制力超强的学生,克制这种负面情绪咬牙切齿考上了985、211。在考上之后,他们就会觉得解放了,放松了,在大学里面,这些学生对学习往往是无所谓的。所以,虽然中国现在大学生很多,但很少是真正喜欢学习的。因为情绪链接的负面程度太高,这样怎么可能有很多喜欢钻研学问的人?很多人读硕士博士,不是因为喜欢钻研学问,而是理智思考、为稻粱谋的结果,是为了将来能混口饭吃。

4.用兴趣关联法让孩子形成正面的情绪链接

不管在什么年龄阶段,所有的孩子都有一个或者几个非常感兴趣的东西,可能是某个明星、钱、糖、电影角色模型,甚至是帅哥美女等。

反正不管是什么,我们的学习教育都可以从孩子感兴趣的这些东西入手。

如果,孩子很喜欢电影里面的变形金刚,那么恭喜你,你可以用变形金刚来教孩子数学了。你可以问他:"宝贝,一个变形金刚加一个变形金刚,是多少个变形金刚呀?"

孩子答:"2个!"

问:"20个变形金刚加10个变形金刚等于多少个变形金刚呀?"

孩子答:"30个!"

这样慢慢去引导他们。

那有的家长就会问,用这样的方式与用筷子教数学有什么区别吗?

有区别! 要抓住主要的核心,孩子对筷子没有正面的情绪体验,我们的主要目的是把孩子的正面情绪与学习联系在一起,用变形金刚教数学,孩子学得更开心。

所以,教育孩子的时候要拿孩子感兴趣的东西,久而久之,孩子就会慢慢形成一种正面的情绪链接,每次一拿到书,或者每次一学数学,就会不知不觉地、莫名其妙地、控制不住地越学越开心,越学越喜悦。

比如:

> 你的儿子喜欢美女,你又希望他考入复旦大学,不妨在家里多贴些复旦大学校花的照片,暗示复旦大学美女如云。当然了,等他考入复旦大学以后,发现没有那么多的美女,也是以后的事了。

5. 善用言行一致化效应

言行一致化效应是指:人一旦对自己的行为或选择做出严肃的承诺,就会有努力保持言行一致的倾向。

所以,孩子在可以说话,并且可以理解所说的话的意思的时候,可以让孩子天天念:"我喜欢学习,我爱学习,学习使我更加快乐!"每天早上起床大声念十遍,并且要求孩子见三姑六婆七大妈的时候每见一个人就说一句:"我爱学习,学习使我更加快乐!"见朋友的时候也说一句:"我爱学习,学习使我更加快乐!"

反正逢人就说,逢人就讲,如能做到,效果是很好的。

长此以往,坚持5年左右,孩子慢慢地就会喜欢上学习。

有的家长会问,为什么这么做有效呢?

因为每个人都有要证明自己是正确的需求,如果他天天这么逢人就说,他到最后不喜欢学习、不喜欢读书,这不就说明自己是一个傻子嘛。这就像一个人要减肥,她把这个要减肥的决心告诉了所有人,向她最亲近最熟悉最佩服的100人发信:"亲爱的某某某,你好! 我庄严地向你通告,三个月一定要把体重减下十斤,如果我没有成功,我改姓。"只要敢于把这样的信群发,实践证明,绝大多数人都能减肥成功;而且,如果发信是用手写的纸质信,用纸质信封发给对方,效果更好,成功率更高。

当然孩子要提升成绩,使用上述公告信的办法也是有效的,但必须是孩子自愿的,不是父母强迫的,这需要做艰苦的思想工作,而且提升的学习名次建议最好控制在20%幅度以内,太高了达不到。

6. 运用潜意识调整法(即催眠法)培养孩子的学习兴趣

只有心理学专业人士才会使用这种方法。这种方法也是培养孩子学习兴趣最快也是最有效的方法。

该方法会涉及许多专业的知识,比如:如何做潜意识导入、如何进行潜意识调整、应该说什么内容去进行潜意识调整,这是要专业人员去做的。就笔者目前发现,潜意识调整是效果最好、持久性最强的学习兴趣调整方法,但它调整操作难度也是最高的,只有系统学习过催眠的人才能用好这个方法。

另外,请读者明确意识到,学习成绩好坏的最大关联因素是智商,而智商是基因决定的,后天是无法改变的,也就是说上述方法效果好坏,与智商有密切关系:智商越高,上述方法效果越好;智商越低,上述方法效果越差。那么,孩子智商是谁给的呢?主要是父母给的,虽然基因在遗传智商时也会突变,但大多数是没有突变的。凡是宣传用了某个技术或物质,智商可以立刻明显改变的,99.99%的可能性是在骗你的钱,对于智商,我们还是要认命的。

很多人最大的毛病之一是从众心理倾向强烈,大家都这么做,不代表这是正确的,因为许多的科学发展都是从否定社会流行观念开始的。学习本节时,切勿有从众心理,最好多个家庭一起学习,互相讨论、互相纠偏,学习效果更好。

第四节 子女早恋引导

早恋是洪水猛兽吗

如果孩子早恋了,首先要区分阶段,是高中早恋、初中早恋、小学早恋还是幼儿园早恋? 读者不要惊讶,其实现在是2020年,小学早恋也不罕见的。一般主流心理学界的观点是反对初中和小学早恋,对于高中早恋和幼儿园早恋,则一般持既不赞成也不反对的态度,任其自然发展,除非有明确的事实证据表明高中早恋严重影响了长期学习成绩,才会去干预。

一般而言,高中早恋对短期学习成绩可能有负面影响,但没有数据证明,高中早恋必然影响长期学习成绩,因为也有许多相反的数据证实,只要高中早恋处理得好,对学习也有促进作用,而这个关键是当事人双方及他们的父母怎么正确地应对。比如,若父母不分青红皂白,对子女的早恋一律采用打压的态度,则会出现心理学上的"罗密欧朱丽叶效应",即越打压,恋爱程度越深。因为,高中生在生理上已经较为充分发育,各类与异性相关的激素水平处于高位,这时候你越打压,安全感越不足,逆反心理越重,他们越互相依靠,恋爱程度加深,进一步会发生性关系,甚至早孕。实际上高中生怀孕的情况远比父母想象的严重,只是父母不知道。

笔者在复旦大学、上海交通大学和上海财经大学对本科生做过调查,问他们高中是否早恋,以及父母是否知道。结果这些学霸绝大多数都有过早恋经历,并没有影响他们考上名校。在面向孩子父母调查时,大多数父母声称自己孩子从来没有早恋过,而且他们还会信心满满地表示:我对我的孩子还不清楚吗,我肯定掌握情况的，如果他早恋，还能考上复旦大学吗？在这里，我们可以得出一个重要的结论，绝大多数父母，都高估了自己对孩子的掌控能力，绝大多数父母对孩子早恋的状况并不清楚，从数据上来看，盲目打压孩子早恋，不仅没有效果，还会让孩子往性行为的方向发展，怀孕的概率反而升高。所以，搞心理学的人常常会说这样一句话：高中盲目打压恋爱，是促使你的孙子或外孙提早落地的最好方法。

对于高中生早恋，什么情况下应该打压呢？

这必须是要有切实的证据证明会严重影响孩子的前途，而且是长期的，不是临时性的成绩下降。恋爱导致的临时性成绩下降是必然的，但也是没关系的。而且，是证实的成绩长期下降而不是猜想未来成绩会下降，再重复一下，必须是有切实证据显示早恋会对子女的长期前途有严重负面影响时，家长才需要反对和干预。

子女早恋干预建议

那么，如果确实需要干预高中孩子早恋，怎么办呢？这里可分两种情况，一种是孩子对家长没有逆反心理的情况，一种是孩子对家长有逆反心理的情况。

没有逆反心理的孩子很好处理，家长只要劝说孩子不要早恋，孩子会很容易接受。但是，这种情况极其罕见，大多数青春期孩子都有逆反心理。

孩子有逆反心理时，千万要注意，家长不可以明着反对早恋。往往越是明着说，孩子恋爱越厉害。在孩子有逆反心理的情况下，你所说的任何话，孩子都会做出反向反应，这时候明确反对早恋，早恋会更严重。在不能明着说的情况下，要怎么办呢？这里提供两个方法。

第一个办法，可以找与子女年龄相仿的亲朋好友，说子女恋爱对象的"坏话"。比如，委托孩子的堂兄堂姐、表兄表姐，或者年轻的舅舅、叔叔、阿姨、姑姑，对男孩子可说：某某啊，你恋爱啦，我看见啦，我不会告诉你父母的，但是你这个女朋友太丑啦，你也找个漂亮点的啊，她瓜子脸倒是瓜子脸，但是倒的！对女孩子可说：某某，你恋爱啦，我知道的，我不会告诉你父母的，不过女孩子还是应多个心眼儿，小心上当啊。

多找几个年龄相仿的亲友说，反复说几次，子女的恋爱很快就会出现矛盾，很容易分手的。

第二个办法，和子女的班主任搞好关系，把班花或班草调到你儿子或女儿边上。有的人担心会不会子女与班花班草谈恋爱？这个概率是很小的，班花班草的要求一般会很高，你认为你孩子很优秀很可爱，那是因为他是你孩子。这时候你子女的恋爱对象就会吃醋了，上课的时候看了班花一眼、手碰到班花一下，都会成为争吵的理由，一般一到两个月，早恋就结束了。

不建议禁止早恋的情况

这里需要注意，有两大类不建议禁止早恋的类型，如强烈反对这两类早恋可能会造成孩子低度同性恋显性化，会提高孩子发展成为同性恋的可能性，当然心理学界也是接纳同性恋的，这里没有歧视同性恋的意思。

第一种是单亲父母抚养的孩子，这个在其他章节也有说明，这里重复一下。单亲子女早恋，笔者是不反对甚至鼓励的。

比如单亲母亲带着儿子，儿子本来就会在潜意识中觉得缺少一个男人，若母亲阻止儿子与异性恋爱，则可能导致儿子将情感寄托在同性身上，将他们作为缺乏父爱的补偿，这种类型容易形成后天性的同性恋。反之，单亲父亲带着女儿也是如此。

第二种是异性亲子关系差的，如母子关系极差，儿子在潜意识中会认为女人是可怕的，会排斥女性，若阻止了青春期的恋爱，以后发展成同性恋的可能性也会上升。反之，父女关系差的情况也是如此。

早恋固然可能有弊端，父母得知孩子早恋也会焦虑，但相比你未来遇到"男媳妇"或者"女女婿"，你这种对异性恋早恋的焦虑还是非常小的。

第五节　亲子激励与纠偏

"学坏容易学好难",对孩子好的行为要激励

　　未成年阶段是孩子行为习惯的重要养成期,若孩子的一些不良行为得不到及时纠偏,反而会得到巩固,民间俗语"学坏容易学好难",就是类似的意思。

　　对于应该给予惩罚的错误,如果不及时给予惩罚,日积月累,最后会形成各种各样的恶习,严重的甚至可能危害社会,这就是我们平常所说的"小时偷鸡摸狗,长大警察带走"。

　　父母要多利用工作的闲暇进行一些相关内容的学习,运用更多的心理学手段纠偏不良行为,代替生理惩罚纠偏,生理惩罚即打人、体罚等。撇开法律问题不谈,生理惩罚可用但不能多,多利用心理技术纠偏更有助于孩子形成良好的心理状态和良好的行为。

　　另外,父母对孩子良好行为的激励更加重要,人有强烈的学习坏行为的天然倾向,但人学好行为的天然倾向比较低,好行为基本上是被父母激励出来的,没有充分的激励,就不可能有优秀的孩子。然而,坏行为不用激励就会自然地大量产生,如果不去用惩罚纠偏,坏行为可能就会泛滥成灾。

　　父母的目标肯定是养育优秀的孩子,不是养育没缺点的孩子,没缺点不代表优秀,没缺点仅仅是平庸,所以父母对亲子良好行为的激励更为重要。

　　在心理学术语中,激励叫做强化,纠偏叫做惩罚,我们用学术语言概括:强化为主,惩罚为辅。强化应占整个亲子行为调整的80%左右,惩罚占整个亲子行为调整的20%左右。

走任何一个极端都是错误的。只有惩罚没有强化,会养育出一个缺点不多、非常平庸的孩子;如果惩罚强度过大,根据二元平衡管理哲学思想可知,阴阳至极而换或者解体,会养育出高度逆反、最终失去控制、胡作非为的孩子,或者养育出患严重的心理疾病、崩溃的孩子。

只有强化没有惩罚,会养育出一个优缺点并存的孩子,优点存在但毛病突出;如果强化强度过大,根据二元平衡管理哲学思想可知,阴阳至极而换或者解体,会养育出高度自信狂妄、最终失去控制、胡作非为的孩子,或者在社会上四处碰壁,挫折过多而患上严重的心理疾病,乃至于崩溃。

也就是说,只有强化没有惩罚和只有惩罚没有强化,如果做得过度,两者的结局是差不多的,普通人很难理解这个问题,可以仔细学习笔者的哲学书,由复旦大学出版社出版的《和谐管理:本质、原理、方法》,学完后就很好理解了。

强化惩罚理论是美国心理学家斯金纳提出的。从父母对孩子纠偏的角度而言,本节将强化惩罚理论定义如下:

强化的定义是,当子女出现符合父母意图的行为时,父母给予子女所喜欢的东西或移去子女不喜欢的东西,使子女行为趋向于重复。

强化又分为正强化与负强化。正强化指当子女出现符合父母意图的行为时,父母给予子女所喜欢的东西,使子女行为趋向于重复。负强化指当子女出现符合父母意图的行为时,父母移去子女所不喜欢的东西,使子女行为趋向于重复。

惩罚的定义是:当子女出现不符合父母意图的行为时,父母给予子女不喜欢的东西或移去子女喜欢的东西。

惩罚又分为正惩罚与负惩罚。正惩罚指当子女出现不符合父母意图的行为时,给予子女不喜欢的东西,比如批评、记过,使人的行为趋向于抑制。负惩罚指当子女出现不符合父母意图的行为时,移走子女喜欢的东西,比如罚款、不准上网,使人的行为趋向于抑制。

正负强化的具体应用方法举例如下。

1. 将复印钞票用作奖励

相信每家每户都有一样必不可少的东西——人民币。复印钞票奖励就是将人民币用复印机给复印下来,并签上自己的名字(防止孩子自己拿人民币去进行复印）。然后，父母与孩子进行约定，约定内容为：

如果孩子表现好，就给孩子发一张复印的人民币。所发的人民币的面值大小可以根据孩子具体表现好的程度进行调整，即根据孩子表现好的程度视情况给予5元、10元、20元等面值的复印的纸币。当然，如果孩子今天表现没有达到你的要求，你可以不给他复印钞票。

每天晚上，根据孩子当天的表现对孩子进行复印钞票奖励。

每隔一段具体的时间，或者是一个月、一个季度，甚至可以是一年，按照一定的比例将孩子已经有的复印钞票换成真的人民币。比如：1元复印钞票可换真人民币0.1元，当然这个汇率要事先设定，随便调换汇率会破坏父母诚信形象。

请特别注意，在使用这个方法的时候不要用彩色复印机复印，否则你就有被抓进监狱的危险，并且一定要签字！以防孩子自行复印，这样你家就通货膨胀了。

复印钞票奖励和记账奖励钞票有本质的区别：前者激励效果大，后者激励效果小。记账奖励钞票是抽象的，复印钞票奖励是图案化的，年龄小的人抽象思维能力弱，形象思维能力强，所以记账奖励人民币效果差。另外，中国人思维方式与西方人相比，整体上偏向形象化思维，从这个意义上讲，复印钞票奖励效果好。

2. 给孩子发养精蓄锐券

所谓养精蓄锐券，其实就是赖床券。如果孩子哪天表现好，可以给孩子发一张养精蓄锐券。

平时，不允许孩子睡懒觉。到了点，不管是工作日还是星期六星期天，不管孩子愿意不愿意，就算他睡得天昏地暗、日月无光也必须把孩子给叫醒，至于叫醒来干什么不重要，重要的是他必须准时起床！

如果孩子想睡懒觉，可以的，但必须前一天上交一张养精蓄锐券。

那么，孩子的养精蓄锐券是怎么来的呢？

那就是孩子在表现好的时候，你把养精蓄锐券轻轻地、慢慢地、小心翼翼地放到他的小手上，并且摸摸孩子的头："宝贝，恭喜你，你又获得了娘为你亲手制作的养精蓄锐券，你又可以选择一个你喜欢的时间睡懒觉了！"

注意,这张券不要叫赖床券,因为赖床给孩子的信息是负面的,而养精蓄锐给孩子传递的信息是正面的。

3. 给孩子发肯德基、必胜客品尝券

顾名思义,凭借此券,孩子可以出去吃肯德基或者必胜客。

如果孩子哪天表现得比较好,你可以给孩子发张肯德基、必胜客券,孩子如果哪天想出去吃肯德基、必胜客,须上交一张肯德基、必胜客券。

如果没有此券,孩子有吃肯德基、必胜客的要求,你都可以而且必须拒绝,或者是带孩子远远地看看肯德基、必胜客门店的几个大字就行了!

4. 孩子行为好,父母要表现得开心异常,喜形于色

心理学研究表明:从幼儿园至小学初中阶段,孩子主要是凭着自己的基因本能过日子。读书的主要目的是为了让父母开心,不是为了自己的未来前途,特别是小学生,尤其是如此,年龄太小的孩子,不能充分理解"未来前途"这样抽象的东西。

孩子小时候多是很黏父母的,要依靠父母才能成长,但是孩子大了,自己慢慢有生存能力了,就不会黏父母了。

因此,孩子只要做出一件好的行为的时候,你就可以表现得异常开心:两眼放着光芒,嘴角划出圆月般慈祥的微笑,有点手舞足蹈,喜笑颜开。

这样,孩子的好行为就会得到巨大的激励。

5. 给孩子发外出旅游券

笔者在此不多做解释,因为孩子多半是喜欢旅游的,只要孩子表现好,就给孩子发外出旅游券,孩子想出去旅游,须上交这种券。这和复印钞票奖励类似,这是很好理解的。

6. 给孩子发购书券

如果你孩子对购书感兴趣,首先要恭喜你。不管孩子喜欢看什么书,至少他对读书还是有一定兴趣的,这是一件天大的好事。

如果孩子表现好,就可以给他一张购书券,如果他想买自己感兴趣的书籍,比如漫画书、散文集、诗歌之类的,须上交购书券。

7. 把孩子玩网络游戏的时间与学习成绩挂钩,也可以发放游戏券

一般孩子都是喜欢玩网络游戏的,因此可以根据孩子的这个喜好,对孩子的行为进行一定程度的调控。

孩子在进入假期的时候,一定会有大量的空闲时间,他们的娱乐方式大多是玩网络游戏,你可以跟孩子假期前约定:

"宝贝呀。假期要来了,你假期是肯定要玩游戏的,对不对?"

"对!"

"那放假前,要期末考试,对不对?"

"对!"

"那我们这样,如果你考进班上前10,你就可以每天玩4小时;如果第10到20名就可以每天玩2小时,20名以后不可以玩游戏哦。好不好?"

家长也可以设计游戏券,一张一小时,考试总分超过 X 分之上部分,一分得一张游戏券,凭券玩游戏,但要注意,每天消费游戏券有最高限制,比如每天消费最多 Y 张游戏券,以防小孩控制力弱一次性把游戏券消费光。

8. 父母做丰盛的食物当作奖励

如果孩子出现了好的行为,可以给孩子做好吃的。

请特别注意:这个好吃的东西必须跟平时好吃的东西有大的差异才行,并且一定要明确地跟某个事情挂钩。

比如,

今天孩子主动向你提出了两个问题。这个时候,你就可以跟孩子说:"今天因为你主动提了两个问题,反映出你能主动思考,所以我今天特地烧了一个你从未吃过的泰国菜,好吗?"

一定要让孩子形成这样的感觉：这次烧的菜跟平常的菜有着巨大的不同之处！而且烧特别的菜还要跟具体的好行为挂钩，一定要说得很清楚。

以上只是举例正强化方法，父母可以根据孩子的喜好进行创新，设计出各种丰富多彩的强化方法。要注意，须根据孩子的敏感度选择相应的强化方法，比如孩子不喜欢买书，购书卷激励就是没用的，孩子对美食兴趣不大，父母做丰盛的食物奖励就是没用的，但是孩子不可能没有喜好，只是各人喜好重点有差异，有喜好，就可以设计出相对应的强化方法。

不用棍棒也能出孝子

难得的打骂惩罚是可以的，就是不能多次使用，父母都会打骂惩罚，笔者在此就不多讲了。在此讲一些非打非骂惩罚，前提是孩子对某个具体的东西有喜好或者厌恶之心。非打非骂的惩罚方法有以下6种。

1. 电视惩罚或者电脑惩罚法

电视惩罚法即利用不可以看电视对孩子进行惩罚的方法，其实可以同时用可以看电视进行奖励。

当小孩表现好时，可以奖励他看电视，但时间要短一些，如1小时；小孩表现特别好时，可以奖励他看更长时间的电视，如2小时；当小孩表现超级好时，可以奖励他喜欢看的电影。反之，当小孩犯轻微错误时，可以禁止他看电视；当小孩犯严重错误时，可以允许他看电视，但在他看到最精彩的时候要把电视"啪"关掉，并明确说明关掉电视的原因；当小孩犯超级错误时，可以允许他看电视，但必须是用纸张遮住电视半边，并在半边纸上写上他所犯的错误，让他一边看半边电视一边接受教育。

特别要提醒读者注意的是：这套游戏规则要事先跟小孩沟通过，获得他的认可方可实施。读者不必担心小孩心灵受到多大的震动，因为这都事先沟通过了，相反小孩会觉得很好玩、很高兴，在这种娱乐方式的强化惩罚过程当中，小孩的行为就不断地得到了调控和完善。

请特别注意，孩子的分辨能力有限，所以不能分过多的错误与奖励等级，如果孩子没上小学但年龄已过4岁,看电视奖励和惩罚只能分两级;如果孩子4岁以下,看电视奖励和惩罚只能分一级,即看或者不看。

如果孩子喜欢的是手机、电脑、iPad……奖罚方式是类似的,读者要学会举一反三、随机应变,充分理解原理,自行设计奖罚手段。

2. 父母自己饿饭法

上文已经解释过,小孩子有讨好父母的本能,孩子会特别关注父母是否开心。

如果孩子犯了错误,父母们可以在同孩子一起吃饭的时候,故意把头发弄得凌乱不堪,脸色白若冬雪,唉声叹气,无精打采,在自己的面前放一个空碗,把筷子伸向想夹的菜上,慢腾腾地夹上菜,然后大叹一声气:"哎!"又把菜给放回去。

这个时候孩子肯定会很奇怪,摸不着头脑。你多做几次,孩子就会问:"妈妈(爸爸)你今天怎么了?"

这时,你就有气无力、气息微弱,但要一字一句清清楚楚地说:"孩子,今天你又犯了一个什么什么样的错误,我无心吃饭呀!"

注意,在此之前父母要偷偷吃饱,别真饿着自己了!

3. 公园惩罚法(前提是孩子喜欢逛公园)

如果你家孩子特别喜欢逛公园,那孩子犯了错误之后,你就可以使用这招,在某个艳阳当空、风清气爽、鸟语花香的日子,把孩子带到他最喜欢的公园门口,和颜悦色地问:"孩子,想进去公园玩吗?"

孩子肯定会怀着喜悦的心情回答:"想!"

这时,你可以问:"公园人多吗?"

答:"多。"

问:"公园里面的动物好看吗?"

孩子答:"好看!"

问:"想进去吗?"

孩子答:"想进去。"

就在这个时候,你就可以话锋一转,脸色突然严肃,说:"走!回去!"

孩子多半不情愿回家。

这个时候,你就可以把孩子具体犯了什么错误,一五一十讲给孩子听,说明白错在哪里,为什么是错的。然后在你说完后,心平气和地对孩子说:"这就是为什么带你到公园门口看看,又不让你进去玩的原因。回去!"

必须是真回家,如果心软,教育完又进了公园,惩罚就失效了。

4. 游戏突然结束惩罚法

上文已经提到过,大部分孩子都喜欢玩游戏。因此,这就是个突破口。

如果孩子犯了错误,那就给孩子玩游戏,但是孩子玩游戏的设备得先设置好。要刚好在孩子玩得兴高采烈,打得难解难分、生死攸关的时候,突然手机屏幕全黑。

这时,你微笑地告诉他:"就是因为你犯了什么什么错误,游戏才会'唰'一下黑屏的。"

5. 半段故事惩罚法

在给孩子讲故事的时候,在故事最精彩、最激动人心的时候,戛然而止,并告诉他具体犯了什么错误,所以讲半截故事。

你的孩子犯了错误,你就可以在孩子开心的时候对孩子说:"宝宝呀,我觉得你有点像汉武帝!天生不凡、气宇轩昂,今天爸爸(妈妈)给你讲个有关汉武帝的故事好不好?"

孩子一般会回答:"好!"

这个时候,你就可以开始给孩子讲汉武帝的一生了。

在故事到水落石出、石破天惊的时候,突然,戛然而止!

这时,孩子会满脸疑惑,心里略带不爽:"爸爸(妈妈)你讲下去呀,怎么不讲了?"

就在这时,父母就可以告诉孩子今天他犯了什么什么错误,因为这个错误的存在,所以今天只讲半段故事,并告诉他:"想知道故事如何发展,等你改正错误,我再一一道来。"

6. 卫生间思过惩罚法

孩子犯了错误,将他锁进集全家之精华、聚天地之灵气之宝地——卫生间!

并且对他说："今天，你犯了一个很严重的错误，是……所以，现在罚你在卫生间思过一个小时，一个小时之后，你出来跟我做思想汇报，如果汇报及格，你就可以出来，如果不及格，你将一直与马桶做伴，直至睡觉为止。至于吃饭，我给你送进厕所。"

如果想采用这种惩罚方法，为了弄得幽默一点，不妨在厕所门上贴个牌子：大使馆、安腔门、思过阁之类。不必贴几个，选一个即可。

以上几种方法只是举例。父母可以根据孩子的喜好，创新出各种丰富多彩的惩罚方法，而且要根据孩子的敏感度选择适应的惩罚方法，比如孩子对故事的兴趣不大，半段故事法就是没用的，但孩子不可能没有喜好，只是各人喜好重点有差异。有喜好，就可以设计出相对应的惩罚方法。目的是引起孩子对自己错误的重视，重要的是给孩子讲道理。

另外，读者应该仔细学习行为主义心理学的基础理论篇章。

第六节　劝说逆反子女的心理方法

经常有父母吐槽：孩子进入青春期，逆反心理非常严重，不再愿意沟通，遇到重要的事，也不听父母的劝告，父母非常茫然，不知道怎么办。还有父母吐槽：我的孩子，似乎天生有反骨，逆反得很，即使重大的事情，也很难劝说，怎么办呢？

在这里，笔者以我学术体系中的《沟通心理学》为基础，为大家讲解一些心理学技术，可以在一定程度上降低与逆反孩子的沟通难度。

声东击西劝说法

这种方法就是父母的目标是希望子女做B事，却先选择子女绝对不会答应干的A事，然后一本正经和子女沟通，要子女做A事，并且多次沟通，然后向子女谈条件，不做A事是可以的，条件是做B事，这比父母直接提出做B事的成功概率要高。

比如，

现在手机已经成了许多年轻人最为重视的东西，要没收手机，就是A事。

假定你希望孩子陪同你去老家探望奶奶，按以往的经验估计，逆反的子女是不会同意的，这件事就是B事。

如何劝说孩子陪同你去老家探望奶奶呢？

可以先一本正经地跟他提出要没收手机，孩子一定是跳起来绝对反对的。父母和孩子再很认真地沟通几次关于没收手机之事,孩子照例是不同意的。

然后,父母和孩子谈交换条件:不没收手机也是可以的,条件是陪同父母去老家探望奶奶,告诉他奶奶如何如何想念他。

这样的声东击西劝说法沟通,和直接向孩子提陪同父母去老家探望奶奶相比,成功概率会高很多。

动机认同替代转移劝说法

首先,认同孩子的基本动机。

其次,启发提问:还有什么别的选择可以满足这个基本动机?

最后,转化态度:答应孩子相对合理的要求。

这里要做一个解释:人的行为有对错,但人的基本动机是没有错误的。比如,抢劫银行是一种十分错误的行为,但抢劫银行的基本动机是为了生活好,希望生活好是一项人的基本动机,这个基本动机是合理的,是没有错误的,只是抢劫银行这个行为是非常错误的。

由于人的基本动机都是合理的,所以认同基本动机很容易,认同基本动机会造成融洽的沟通前期气氛。

比如,

孩子要吃肯德基,怎么办?很多父母反对孩子吃油炸食品,当孩子提出吃油炸食品时,不妨使用动机认同替代转移劝说法,具体如下:

"孩子,你是想吃一顿好吃的,对吧?"

"对的。"

"爸爸认为很有道理哦。"

这里解释一下:孩子吃肯德基是一项具体行为,隐藏在后面的基本动机是想吃顿好吃的,这个基本动机是合理的,是可以认同的,认同基本动机开启了很好的沟通氛围。接下来是启发提问,问还有什么别的选择可以满足这个基本动机。

"那除了肯德基之外,还有什么是好吃的呢?"

"麦当劳。"

这里解释一下:启发提问不一定会得到满意的结果,比如部分父母对这个麦当劳的选项也不满意,怎么办呢? 就继续启发提问!

"那么,除了麦当劳之外,还有什么好吃的呢?"

"小南国上海菜。"

"哇! 小南国上海菜不错的哦,爸爸答应你去吃小南国上海菜,爸爸好不好?"

"好! 爸爸太好了!"

这样,避免了孩子吃父母反对的油炸食品,还能让孩子觉得自己的需求被认可,尝到和父母沟通的甜头。动机认同替代转移法能有效地降低与逆反期孩子的冲突频率,进而增进亲子之间的感情。这样的沟通,比直截了当地提出吃小南国上海菜成功率更高。

当然,父母与子女对立关系严重,本身就是很严重的失败,多数是父母的原因:子女在与父母沟通中,没有得到精神上的好处。这在另外的章节会进行仔细分析。本节讲的心理技术,是亲子关系失败的大前提下使用的心理技术,效果比直截了当地说要好,但是,毕竟你们的亲子关系是紧张的,虽然效果相对更好,也仅仅是相对好,不能对这两个心理技术寄予过大的希望。

第七节　孩子经常威胁父母要离家出走

小孩经常威胁父母要离家出走是一般家长非常难应对的问题。根据笔者的经验，只要小孩威胁父母自己要离家出走，绝大多数父母只有举手投降。而一旦小孩通过这个手段威胁成功，他就会尝到这个方法的好处，行为得到强化，不断地使用这个手段控制父母。从此，父母就很难教育小孩了。

孩子为何经常威胁父母要离家出走

孩子威胁离家出走，主要有下面三种情况：

第一种，孩子电子瘾严重，主要是玩网络游戏，由于此事和父母产生尖锐的对抗，家长断网或者没收电脑，孩子用离家出走来控制父母，以达到重新玩游戏的目的；

第二种，孩子严重厌学，不肯去学校读书，以离家出走来对抗上学读书；

第三种，父母之间冲突严重，孩子生活在家中情绪体验极差，离家出走以逃避烦恼。

父母一定要清楚小孩威胁要离家出走，他的真实目的并不是离家出走，而是如下三个：

第一个目的是给父母施压，小孩是在表演，通过这种方式来达成自己的要求；

第二个目的是惩罚父母，目的是让父母难受；

第三个目的是逃离父母给他的负面情绪体验。

如何纠正威胁父母要离家出走的行为

那么,怎么应对这种情况呢?

以后一旦小孩威胁要离家出走,做父母的一定要立刻装作惊慌失措。比如,爸爸跟妈妈说:孩子他妈,孩子怎么又说这个话了?说完这个话,两人就滋溜一下溜走了,去住宾馆或者亲戚家了,总之是父母走了。这下子小孩的表演没人看了,观众没了,同时父母消失了,与父母在一起的不愉快的感觉也消失了,小孩子就失去了离家出走的动力。父母需要离开家坚持几天。不要担心孩子没有吃的,只需要冰箱里饼干、牛奶各类吃的备足,留下足够的钱,并且中途派叔叔、舅舅等亲戚去看一下。可以让他们说:你有什么事儿吗?叔叔、舅舅可以帮你。我听说你爸爸妈妈失踪了,我们也在找。这样,这个孩子就不敢用这个方法威胁了。有人担心父母离家出走后,孩子也离家出走了,那笔者要告诉你可完全放心,因为从大量的数据统计中看,孩子离家出走的原因就是要表演给父母看,或者逃离父母的压力,那么当观众消失了、父母压力消失,小孩子没有必要离家出走,他演给谁看啊?

因此,小孩子威胁离家出走时,父母先离家出走即可。变孩子离家出走为父母离家出走,变被动为主动。

如果孩子已经离家出走,其实绝大部分孩子是会回来的,外面没吃没喝,没人关心,孤苦伶仃,没有安全感,大部分孩子是受不了的,所以绝大部分孩子是会回来的。

孩子回来时,父母如何表现会严重影响孩子下次离家出走的概率。大部分父母都表现错了,大部分父母一看见孩子回家,就表达孩子离家出走后的焦虑和痛苦,比如眼泪汪汪地跟他说:孩子啊,妈妈(爸爸)急死了,你到哪里去了?妈妈(爸爸)整夜都睡不着觉!来来来,妈妈给你烧点好吃的。

父母如做出上述的表现,就完全错误了!

孩子离家出走的一个重要目的,就是惩罚父母,让父母难受,他一回家,看见父母焦头烂额的样子,会产生巨大的成就感,他感到目的达到了,这对他离家出走起到非常大的强化作用,会充分调动他离家出走的积极性,增大再次离家出走的概率。

看见离家出走的孩子回家了,正确的做法是:父母表情非常平静,就好比看见孩子放学回家一般,很正常地打个招呼,该干什么还是干什么,比如父母正在看书,就继续看书,轻轻地说一句:回来了啊?饿吗?厨房里有一些剩饭剩菜,你凑合着吃吧。洗个澡早点休息,我和你妈妈要去搓麻将了!

关键是平静、正常、不喜不悲!

有人担心:这样操作,孩子是否会觉得父母不爱他?

笔者回答,有一点点这样的副作用,但是有利无弊的方案是没有的,要学会抓主放次,这样操作收益远远大于弊端,如果反向操作,孩子会经常离家出走,遗患无穷!

第八节 单亲子女心理保健

近些年中国离婚人数日益增多，仅2018年全年离婚人数就高达380万对，许多地方离婚人数占结婚人数比例已经超过50%。如果这种情况持续下去，几十年后，全社会离婚人数会向50%靠拢，同时随之而来的是：单亲子女的数量也逐年扩大。与非单亲子女相比，单亲养育子女的难度更大，这不仅体现在物质上，需单亲父母独自承担大部分家庭经济支出，而且单亲子女各类心理问题是社会平均的2～3倍，因此单亲子女群体的心理保健也非常重要。

心理学大数据研究发现，与完整家庭相比，单亲子女在心理、行为、认知、社会适应等方面存在普遍问题。在情绪上，单亲子女会体会到更多情感上的痛苦，他们的自卑倾向、焦虑倾向、孤独倾向、自责倾向及抑郁症发病率要比完整家庭高出2～3倍。在行为上，单亲子女更容易出现辍学、早孕、吸烟、酗酒、电子成瘾、离家出走、家庭内部暴力甚至犯罪行为，且统计表明，单亲子女成年后的离婚率大大超过社会平均数。在人际关系上，他们更容易出现不被同学接纳甚至成年后对父母、对婚姻不信任的情况。为减少以上负面情况出现的概率，本节按照重要性列举了十项最常见的养育单亲子女时需要注意的心理问题，以帮助单亲子女的家长更好地养育孩子。

满怀深情、真诚地、大剂量地、长时间地夸前任

第一个最严重也是最常见的错误是在子女面前攻击前夫或者前妻。我们的婚姻文化中，夫妻往往是不成爱人就成仇人，因此很多人有离婚后在孩子面前攻

击前任的习惯,告诉孩子:你的爸爸是个没良心的,或者你的妈妈不负责任,等等。这种对前夫前妻的指责对小孩的心理伤害实际上是非常大的。

原因细细讲起来是很复杂的,需要很大篇幅,这里简单讲一下。

每个人对外界的态度是由三个方面构成的,分别是"情感""认知"和"行为"。"情感"就是你对这个事情的情绪体验,比如遇到异性,每个人都会出现一个情绪体验,有的人是喜悦的、有的人是厌恶的、有的人是中性的,不管是喜悦、厌恶或者中性,都是一种情绪的体验。第二个叫"认知",指你对一个事情的看法,比如考虑到这个异性的家庭、性格、学历等因素,依靠逻辑判断自己是否应该和对方深入交往。第三个叫"行为",也就是现实生活中你是怎么做的,如最后和这个异性恋爱还是敬而远之。

认知心理学有个基本原理:当"情感""认知"和"行为"保持统一的时候,人就会处在愉悦的状态;如果这三者之间有矛盾,轻度的叫纠结,重的叫痛苦,再重的叫抑郁症,发展到极端就会变成精神分裂。

举个例子,比如在情绪上,一个男孩子非常非常喜欢一个女孩子,想要和她恋爱,在认知上他知道她是个"性工作者",于是认知和情感无法协调,那这个男孩子就会非常痛苦。

回到我们的问题上来,为什么不能在单亲子女面前攻击前夫或者前妻呢?

这是因为孩子天然地对父母就有深厚感情,这是本能的、基因性的。攻击前妻或前夫后,孩子在情感上对自己的父母是亲近的,但在认知上被灌输父母是坏人,会造成孩子在情感和认知上的分离,孩子会产生不同程度的痛苦。

有人认为,我小时候不带小孩就没有感情,这是错误的。心理学实证发现,这个感情既有后天的因素,也有先天的因素,这是割不断的血脉关系。也就是孩子对自己的父母天然有情绪上的认同,这个时候有人说你爸是个坏人或者你妈是个坏人,孩子就会出现痛苦、抑郁或者更糟糕的情况。

所以,我们需要做到满怀深情地、真诚地、大剂量、长时间地夸奖前妻或者前夫。

有人说我已经做到不说对方的坏话了,但这是不够的。有的人会抱怨,我恨不得杀了对方,还想让我夸奖他,这不可能。那么这时候就需要选择了,你若想给孩子造成沉重的心理伤害,就可以攻击前任。大量的数据显示离婚单亲子女的心理问题的爆发概率是社会平均的 2～3 倍，各国数据上下有浮动但大体如此。各个国家形成这一问题的原因各有不同，而在我们中国的主要原因就是攻击前妻、前夫。

所以，如果希望孩子心理健康，最起码要做到满怀深情地、真诚地、大剂量地、长时间地夸奖你的前妻或前夫，这是最基本的要求。

绝不把对前任的负面情绪迁移到小孩身上

很多单亲父母，特别容易将自己对前老公、老婆的负面情绪迁移到子女身上，这是因为在潜意识深处，他们会在孩子身上看到前老公、老婆的影子。这里的负面情绪转移是在潜意识层面的，所谓潜意识是自己不知道的，但实际上在控制自己的情绪行为认知。当在意识层面问为何向孩子发泄情绪时，父母都会高风亮节地回答：我都是为他好，我需要教育他等。实际上，这种大剂量、高强度的负面情绪宣泄，隐藏的是对前妻、前夫的愤怒。

孩子"堕落"可能想挽救家庭

我们要意识到，小孩子"堕落"的目的可能是在挽救你的婚姻。孩子潜意识天生是希望父母关系好的，家庭是孩子获取一切生存资源的源头，当父母关系不好的时候，孩子在潜意识层面也会想办法修复父母关系，其中一个方法就是让自己堕落。

很多单亲子女在潜意识层面偶然发现当自己成绩巨幅下降，比如学习从第 5 名下降到第 50 名，或者猛玩游戏，一天玩游戏 8 个小时、10 个小时的时候，爸爸妈妈就会被吓昏了，原本吵架的爸爸妈妈注意力也转移到自己身上，都开始努力让自己好好学习或戒除网瘾去了，吵架自然变少了；或者是原来不来看孩子的爸爸妈妈，因为孩子出问题也都来看他了。这会让孩子在潜意识里朦胧地觉得只要堕落，爸爸妈妈就有复合的希望了。在意识层面，小孩子是不知道的，你如果问孩子，有没有想通过成绩下降或猛玩游戏来让爸爸妈妈复合的想法，他多半是回答没有的。只有大概 30% 的孩子会在意识层面有朦胧的感觉。

当然,孩子的这种方法实际上是没有用的。那么,在帮助孩子纠正这些行为的时候,如果父母只是一味地对孩子进行思想教育,说要好好学习、不要玩游戏这是没有用的,因为原因找错了。

要长期地、真诚地、大剂量地夸孩子

离婚会造成孩子的无价值感,因此需要长期地、真诚地、大剂量地表扬孩子。

当父母离婚时,孩子的潜意识会这样考虑:我肯定是无价值的,如果我是个宝贝,对父母非常有价值,那么爸爸妈妈即使为了我也不会分手的,但现在他们分开了,说明我一定是无价值的,是一个废物。

因此,父母需要对单亲子女进行大剂量、真诚、长时间的表扬。要注意三点:第一,需要长时间地夸奖,不能是偶然地,必须是长时间的;第二,必须是真诚的,真诚的关键是要具体化地表扬,表扬越具体,就越显得真诚;第三,大剂量地夸奖,夸奖的力度必须要大,因为离婚单亲子女的孩子特别容易形成无价值感也就是常说的自卑感,这也是在潜意识层面的,只有长期的、真诚的、大剂量的夸奖,才会对潜意识有所改变,短时间的、敷衍的、小剂量的是没有用的。那对子女可以批评教育吗? 当然是可以的,但是要掌握分寸,总体上批评只能占教育的20%,表扬要占80%。

严防孩子电子成瘾倾向

我们会发现,在单亲子女中,电子成瘾的比例是比较高的。为什么单亲子女容易电子成瘾呢? 单亲子女电子成瘾的原因与普通人略有差别,按照重要性排序依次是:安全感不足、对冲烦恼、满足虚假的价值感和回避社交,这和一般孩子的原因的重要性排序不同,一般孩子的第一原因是满足虚假的价值感。

什么是电子成瘾呢? 在学术上,对它的界定是有争议的。在这里我们是这样定义的:没有上学或工作的时候,每天玩游戏8个小时以上,持续时间超过1周以上。并且,因上网,严重影响到身体健康、工作、学习、人际关系,造成了严重的社会适应不良,一旦强令停止上网,会出现烦躁、无聊、空虚、不安、抑郁甚至吵架、打人、偷窃、寻死觅活等戒断反应,满足以上条件可定义为电子成瘾。

单亲家庭子女电子成瘾的第一个原因是对安全感不足的弥补。父母是孩子安全感的来源,缺了父亲或母亲,孩子安全感就会不足,就希望自己变得很强大,而网络游戏中孩子通过杀人放火、开枪放炮、窜东跑西、上天入地就能虚假地体会到强大,虽然是虚假的,但也能满足孩子的安全感。

第二个原因是电子瘾是对冲烦恼的有效形式。当人玩游戏的时候,身体会分泌如5-羟色胺、多巴胺、内啡肽之类的激素,这些激素可以缓解孩子的抑郁情绪。为什么单亲子女总比一般人更需要这些激素呢?因为他们的烦恼很多,爸爸妈妈分手了、家庭破裂了、社会眼光异样等。当他们无意中发现玩游戏可以忘记这些烦恼时,他们就更容易沉迷了。

第三个原因是虚假的价值感。单亲子女父亲或母亲缺失,会造成他们的价值感普遍偏低,而单亲父母常常情绪不好,又容易从孩子身上看到前任的影子,故而常常批评过多,进一步加剧了单亲子女的自我价值感偏低,造成价值感饥渴,而玩游戏可以通过晋级、战胜对手等方式获得虚假的价值感,于是容易电子成瘾。

第四个原因是回避真实的社交。人都有社交需求,但单亲子女因为爸妈离婚,觉得自己是异类,在现实中社交时,会有压力感。而在网络环境中,就不需要考虑这些。

绝对不把孩子当作惩罚前任的武器

有的夫妻在离婚后会对对方有着深切的恨意,会想方设法地报复对方,不成爱人就成仇人,而孩子常会成为他们手中重要的报复武器。这是非常错误的。

多数父母即使离婚,也会对自己的孩子有着深切的感情,会希望常常探视自己的孩子。但是,有权带着孩子的一方,为了报复对方,常常会不允许对方看孩子,挑拨孩子与对方的关系,说对方的坏话。实际上,这对孩子的成长非常不利,上文说到,孩子对父母的认同感部分是来源于遗传因素,父母对孩子的安全感、价值感的影响非常大,阻断孩子与父亲或母亲的联系,无疑会降低孩子的安全感、加深孩子的无价值感。

理性对待孩子早恋问题

在非单亲子女恋爱问题上，心理学界主张高中以前反对早恋，高中以后在有明确事实证明早恋严重影响了孩子长期成绩时，可进行干预，否则就持中立态度。因为数据显示，恋爱可能短期内使学习成绩下降，但没有数据证明必然会对长期成绩有负面影响，因为很多处理得好的孩子，成绩反而上升。

在由单亲父母抚养的孩子的早恋问题上，笔者是提倡不反对甚至鼓励的。这是因为，如强烈反对这类子女早恋，可能会造成子女的低度同性恋倾向显性化，会提高子女发展为同性恋的可能性。同性恋有天生的因素，也有后天的因素，天生的同性恋是不可改变的，是正常的，但也有些同性恋是受后天因素影响的。

比如，单亲母亲带着儿子，儿子本来就会在潜意识中觉得缺少一个男人，若母亲阻止儿子与异性恋爱，则可能导致儿子将情感寄托在同性身上，将他们作为父亲的补偿，这种类型容易形成后天性的同性恋。反之，父亲带着女儿也是如此，女儿也有可能形成后天性的同性恋。

早恋固然有弊端，单亲父母会焦虑，但相比你未来遇到"男媳妇"或者"女女婿"，你这种焦虑还是非常小的。当然，主流心理学界认为同性恋中遗传因素占了很大的比重，故而认为同性恋是正常的，某些国家还普遍认为同性恋是一种权利。如果单亲父母也完全接纳了上述观点，对儿女未来给你带来"男媳妇"或者"女女婿"，持完全接纳态度，或者不那么焦虑，那么对单亲子女的早恋管束是可以松开一点口子的。

正确引导孩子认识婚姻

单亲子女还容易在长大以后对婚姻悲观，不愿意结婚。

单亲子女早年经历过父母婚姻的不幸，经常看到父母相互批评、争吵，甚至拳脚相向，潜意识里会认为婚姻是不幸的，结婚后人的状态是痛苦的。同时，父母因自己的经历投射,常常会给孩子灌输婚姻关系是痛苦的,男人或女人是没良心的、是不负责任的。这会进一步加剧孩子对异性的误解,导致只恋爱不愿意结婚,甚至不愿恋爱。

正确的做法是告诉孩子:美好的爱情是存在的! 爸爸妈妈的事只是一个特例,你有了爸妈的经验,就会回避错误,婚姻美满的可能性更大了!

切忌将自己人生的意义强压在孩子身上

单亲子女的父母因为婚姻的变故,少了伴侣这一重要的社会支持。因此,容易将自己剩下时光的人生意义和价值全部寄托在孩子身上,孩子成了单亲父母活下去的理由,或者成了人生的主要意义。同时,离婚会导致单亲父母的潜意识里觉得人是不可控的,安全感也很不足,在这种心态驱动下,单亲父母常会对孩子严格管理,全面控制,对孩子的一举一动都加以监督,控制恋爱、控制交际、控制言行、控制学习、控制选专业、控制择业……只有孩子俯首帖耳,单亲父母才有安全感,才觉得孩子是可靠的。只要孩子言行稍微不如己愿,潜意识不安全感剧升,情绪就激烈发作。当然,这种控制都是打着"为你好"的道德大旗,其实是满足自己的安全感。在意识层面甚至真的认为自己是为了孩子好。

这种控制过严对孩子的伤害是极大的,会造成对孩子巨大的心身伤害,抑郁症、强迫症、焦虑症的比例都会上升,胃病、皮肤病、头痛、肥胖症、高血压、糖尿病、失眠等心身疾病比例也上升,而且孩子的开拓性会下降,创新减弱,非常不利于人生发展。

单亲父母最好重新组建家庭

笔者提倡如果有条件的话,鼓励单亲子女的父母重新组建家庭。虽然在重新组建家庭的时候,单亲子女可能会出现一定程度的负面情绪,但完整家庭对于子女的正面意义是更大的。后爸或者后妈虽然不能完全替代孩子的亲生父亲或母亲,但能在一定程度上给孩子安全感,改善家中的负面情绪,孩子在拥有完整家庭结构后,也能更顺利地与同学朋友相处。

第九节 幼儿园小学择校决策

好学校一定意味着好成绩吗

孩子的择校问题是很多家长焦虑的来源,家长们普遍认为,在条件允许的情况下,尽量让孩子就读于最好的幼儿园或小学,甚至有家长为了让孩子上好学校,不惜一切代价,贷款购买高价学区房、花费高额入学费,家长们绞尽脑汁想挤进好学校,他们觉得挤不进好学校,就意味着孩子永远输在了起跑线上。

遗憾的是,这种被家长们普遍认同的观点其实是错误的,这种观点本质上是从众心理的产物,并非理性分析的结果。

这里笔者给大家讲一个案例:

有一对夫妻,妻子是同济大学的博士,丈夫是同济大学的硕士,夫妻两人智商超群,他们生了一个女儿,女儿从小聪明伶俐,夫妻俩对女儿寄予厚望。然而,事与愿违,女儿从小学开始,就变得特别讨厌学习,老师频繁告状,本以为随着年龄长大孩子会更自觉一些,没想到女儿上初中以后变本加厉,经常不做作业、迟到早退,成绩一塌糊涂。

这对高学历夫妻焦虑万分,他们向笔者寻求帮助,希望笔者对其女儿进行智商测试和心理测评。从遗传的角度来看,他们女儿智商高的可能性比较大,考虑到存在基因突变的可能性(基因突变的结果有两种,一种是孩子的智商比父母高,另一种是孩子的智商比父母低),即便是后一种基因突变,高智商父母的孩子智商下降的起点比较高,突变后的智商大概率不会特别低。结论也和笔者的心理测量结果一致：这个女孩的智商远远高于社会平均水平，同时心理测量显示，这个女孩厌学情绪特别严重，这是导致学习成绩和智商不吻合的最重要原因。

既然孩子智商没问题，为什么如此厌学，导致成绩如此差劲呢？

笔者很快找到了原因。原来这对夫妻曾经把孩子送进了全上海顶级、最有名气的幼儿园，这家幼儿园之所以出名，是因为先修教育办得有声有色，在幼儿园就给孩子提前教授小学课程，而且想进这家幼儿园还要经过严格的考试和面试，考验背诵的知识和计算的能力，能考进去的孩子早在进幼儿园前一两年就报名了各种补习班和考试技巧班。然而，这对夫妻的女儿与常人不同，她是父母千方百计托关系走后门进去的，要是正常考试根本考不进，结果一进幼儿园发现背诵、算数、英语样样不如别人，成绩经常倒数一二名。可怜的小女孩从幼儿园就饱受踩踏，同学嘲笑她，老师看不起她，经常成绩倒数，心里不知不觉萌生了对学习的厌烦情绪，在孩子的心里，学习就是人世间最可恶的事。

好不容易熬过了幼儿园，没想到父母又再次犯同样的错误，又通过关系把女儿送进顶级的小学，可怜的小女孩再一次沦为班级倒数一二名，学习情绪体验非常差。于是，女孩对学习感到深恶痛绝，最后形成严重的厌学情绪，终身难以摆脱。

类似的案例还有很多，无数的事实证明，不顾孩子自身条件，一味让孩子挤进最好的幼儿园或小学，这种观点是错误的。

孩子的学习情绪体验比上名校更重要

笔者奉劝各位家长，选择幼儿园或小学时，并不是一味随大流挤进最好的学校，也不是反其道而行之，选择最差的学校，而是要选择与孩子智商相匹配的学校。究其本质就是选择一所不会破坏孩子学习情绪体验、不会形成孩子厌学心理的学校。因为学习是一场持久战，孩子学习成绩好坏短期的影响因素比较多，但长期取决于持续性的学习动力。

学习动力从何而来呢？学习动力来源于学习情绪的正面体验最高或者负面体验较低，而学习情绪体验形成的高峰时期就是在小学一年级至三年级期间，这是潜意识形成的高峰期，一旦形成终身难以摆脱，这期间如果孩子在学习上不仅得不到鼓励，相反遭受到家长或老师同学的摧残，在孩子潜意识里自然而然把学习和痛苦的情绪联系起来，孩子的学习体验被破坏了，学习动力就容易出现问题。

笔者长期与985、211高校的学生打交道，发现能考上985、211院校的学生大部分就读于很普通的小学，这些学生家长如果当初也阴错阳差把孩子送进最好的小学，就不一定能考上名校了，为什么呢？原因很简单，顶级小学先行学习者荟萃，想在顶级小学出类拔萃是一件十分困难的事情，很多孩子拼尽全力也成绩落后，自然对学习提不起兴趣，也就失去了学习的动力。

统计显示，幼儿园和小学的学习成绩与终身成就的相关系数很小，在孩子幼儿园和小学期间，与其过度关注孩子学习成绩好坏，不如多关注孩子对学习的情绪体验，这时候培养孩子的学习兴趣、保护孩子的学习动力才是最关键的。

所以，如果你有为孩子选择幼儿园或小学的烦恼，那就遵照笔者的建议，选择与孩子智商相匹配的学校。如果你无法对孩子智商高低做出评估怎么办呢？办法是可以去专业机构测试，也可以通过观察估计孩子智商在社会中的大致水平，然后选择比你估计的水平稍微低一点的学校。

总结一下，孩子的学习成绩，除智商外，主要取决于学习动力，而学习动力又主要取决于幼年时代的学习情绪体验，一旦幼年时代的学习情绪体验被破坏，特别是形成了潜意识创伤，终身很难改变。

第十节　影响青少年人生幸福的常见误区

利他利己不平衡，利他心不足

笔者认为，利己利他二元相对平衡是人生幸福的必备关键条件之一，过度利己或过度利他都会造成严重的社会适应不良问题，且容易导致一系列的心理问题。这个问题可以详细学习相关章节。

遇事回避，做事拖拉

有些人在遇到困难、问题与挫折时，会习惯性地采取拖延甚至逃避的方式应对。一项调查研究显示，有70%的大学生认为拖延在较大程度上影响了他们的学习成绩甚至身体健康。拖延除了造成做事效率低、任务完成质量下降外，还可能导致一个更严重的问题：把风险大大放大。拖延、回避者在潜意识层面会认为许多事情拖一下自然就会过去，不知不觉将风险大大放大，从而导致问题越积越重。终有一天，他们会栽到一个巨大的坑当中无法自拔，造成严重的人生麻烦。

因此，我们要尽可能提高行动力，养成立刻、马上行动的习惯，在遇到困难、问题与挫折时迎难而上，积极采取行动解决，甚至把问题变为资源。

当然，提高行动力并不是走向另一个极端：对复杂的事情，不经思考、鲁莽行事。这样也会徒增痛苦与烦恼。正所谓"谋定而后动"，诸如人生规划、企业战略、新项目的规划等大事，我们在实施之前都需要进行周密的思考，将关键细节考虑到位。一旦考虑到位之后,就立即付诸行动,绝不拖泥带水。

对于一般并不复杂的事情,要养成"立刻、马上"的行事风格,对小事强调三思而行,多半是为自己回避、拖拉找借口。

过度重视金钱

笔者多年前见到一位研究生,其人生理想有五件事:第一,要发财;第二,要无本发财;第三,要无本迅速发财;第四,要无本轻松迅速发财;第五,要无本轻松迅速发大财。由于多年的社会经验,这样的研究生因为智商高,生活是不用愁的,但事业成功也是不可能的,人生也不会幸福的,他过度的金钱观,会冲抵掉部分智商优势,对人生成功和幸福而言是减分的。

钱是非常重要的,现在的年轻人生活压力普遍偏大,许多人要买房,要抚养孩子,还要赡养老人,如果家里人不幸得了一场重病,这也是一笔巨额的花费。

笔者并不反对青少年喜爱钱,这是人的天性,笔者反对的是过度重视金钱。事实上,金钱数量跟人生幸福之间并不是大家想象中的钱越多,人生就越幸福,而是抛物线关系:当钱的数额达到一定量之前,是钱越多人越幸福;而超过这一数额之后,钱越多反而人越痛苦。许多人认为,那些企业老板、高管、总经理们有花不完的钱,可以享受到普通人享受不到的物质与服务,一定过着神仙般快乐的生活,这就大错特错了。这些人身上背负着常人难以承受的巨大压力,每天处理着各种各样的难题,是抑郁症、焦虑症、强迫症的高发人群。

因此,适度追求金钱是合理的,但一头扎到钱眼里去会给人生带来许多麻烦与痛苦。

而且,我们不应该把焦点放在赚钱上,而应该把焦点放在如何更好、成本更低地满足他人的需求上,也就是说,把工作做好了,钱自然就来了。

笔者30岁的时候,也就是1997年前后,在上海财经大学做老师,因为论资排辈,职称自然是低的,但在社会上的讲课费已经突破了每天1万元,周围的老师无比羡慕,经常有人来讨教经验,问我如何把讲课费提上去。其实碰到这个问题,我是有困惑的,我从来没有思考过如何把讲课费提上去,我的焦点集中在如何解决听众的问题。写本书时(2020年),笔者已经53岁了,多年的经验告诉我,凡是注重如何提高讲课费的老师,他的讲课费是高不了的。

重点再提醒一遍:请关注如何满足他人的需求,少关注发大财,金钱观过重的人,可能会有点小钱,但是赚大钱是不可能的。

经历一点挫折就轻言放弃

如今,90后、00后物质条件较上一辈极大丰富,成长环境优越,他们在工作以前,多数人受过的最大挫折也不过是考试失利、和男(女)朋友分手、找工作被拒绝等,这些在老一辈人看来都是鸡毛蒜皮的小事。但是,许多90后、00后却觉得这对他们是非常大的打击,极端者还为此想不开要自杀。这也导致了许多年轻人一踏入工作岗位,只要受到领导的轻微批评,或工作任务稍有难度,或工作环境跟想象中不一样,就辞职不干了。

这是抗挫折能力低的表现!所谓抗挫折能力,是指个体遇到挫折时情绪波动的幅度大小。波动幅度小,称为抗挫能力强;波动幅度大,称为抗挫能力弱。抗挫折能力是人生幸福的重要条件之一。任何领袖者和成功者,在前进的道路上,都会遇到无数的拒绝、讽刺、挖苦、失败和打击,会遇到无数的不理解、怨恨和批评,如果抗挫能力差,很快就会偃旗息鼓,退出战场。凡是成功人士,绝大多数都是抗挫折能力极高的。

好相互攀比

攀比的人生活会非常痛苦。统计数字表明,攀比程度高的人在60岁之前得癌症的概率比社会平均水平要高许多。攀比的特征是单因素比较,比如只比较学历、级别、工龄中的一种,从而产生不公平感,因为他们会想"大家都是人嘛"。

举个例子:

商厦柜台的工作,月底薪3 000元,月奖金是根据销售额提成700～1 500元。忽然新分来一个营销系的大学生到基层锻炼6个月,然后调回公司总部做营销策划,月薪5 000元,但无奖金。如果故意互相攀比,这个老营业员就可能感到十分不公平,因为他撇开学历等其他因素不谈,单从工作内容相同这一点出发,抱怨"同样的工作为什么薪水不一样",于是委屈感产生了。随后,老营业员这种抱怨通过各种渠道传到新大学生耳中,该大学生就会反弹,他也互相攀比道:"都是公司职员,为什么他每月有奖金,而我没有奖金,这太不公平。"于是,新的"不公平感"又产生出来了。只要想寻找委屈,通过攀比,就必然找得到。

再比如,同学之间常见的,比较谁的衣服好看,谁的球鞋价值更高,甚至比谁过生日的场面更气派。

攀比的思维模式对人生发展非常有害,请停止这种无意义的攀比!

过于看重面子

看重面子是指对他人评价的重视程度高。过于看重面子的人,会形成沉重的心理压力,生活痛苦。比如,有的大学生将父母给的生活费省吃俭用,积攒几个月,只为了买一件价格高达2 000元的名牌衣服,在同学面前炫耀。有的人本身经济条件有限,但在聚会时却要咬着牙抢着买单,为了在朋友面前假装自己很有钱,但事后又觉得自己的朋友不够义气。有的女孩子为了保持身材漂亮,花大量的钱去美容医院抽脂、打玻尿酸,为了赢得别人对自己的赞美不惜损坏自己的身体。

华为创始人任正非就公开说过:"我要的是成功,面子是虚的,不能当饭吃,面子是给狗吃的。"我们每个人关于美丑、好坏的标准都不一样,同样一件东西,不同的人对其评价可能千差万别,如果一个人过多在意别人的评价,则总可以找到负面的、对自己不利的东西,从而产生情绪上的波动甚至痛苦不堪。

当然,也不是越不看重面子越好。这样的人对什么事都无所谓,这类人比较容易犯罪而进监狱,但比例是极小的,绝大多数人往往是因为过于看重面子而产生痛苦。

不孝养父母

许多父母经常说:"只要你过得好就是最大的孝顺,我们老了是不靠你的。"有许多青少年非常乐意接受,信以为真,因为这为自己逃避责任提供了个很好的理由。

然而,孝养父母是责任问题,和父母需要不需要没关系!

绝大多数中国父母与他国父母不同,他们几乎对孩子承担无限的责任,所以孝养父母是天之经,地之义,完全是应该的。

不但要重视物质上孝养父母,而且要重视精神上孝养父母。

随着父母慢慢老去,他们的无价值感会愈发严重,尤其是在退休之后。他们会觉得自己老了,派不上用场了,世界是年轻人的。父母们为了得到自己的价值感,常常会在孩子回家时做一桌好菜,亲手给孩子缝一件衣服等。对于这种情况,精神上孝顺父母的方式是给予父母大大的表扬。无论菜好吃不好吃,无论给你买的衣服喜欢不喜欢,都应该真心实意地夸奖父母,让父母觉得自己还是有存在的价值的。

另外,年纪大的人孤独感严重。子女除了给钱之外,更多地需要给父母陪伴。比如,多去父母家看望,多陪他们说说话,实在无法见面可以打电话或者视频通话,以此减弱他们的孤独感。

在现实生活中我们可以观察到,对父母不孝的人事业是很难成功的,原因非常简单,对父母不孝的人是不会真心替他人考虑的,因此社会支持力量弱,人生机会少,跟随者少,所以事业很难成功。青少年如果有逃避孝养父母责任的想法,他的人生大概率也是很苦难的。

过度追求当下享乐

从人本主义的角度出发,追求享乐本身并没有错,笔者批判的是过度追求当下的享乐,从而忽视了长远可能带来的痛苦。现在的绝大多数孩子不愁吃穿,他们不需要为未来的生计发愁,导致许多孩子忧患意识不足。最典型的例子,就是理工科的学生在大学阶段放飞自我,导致专业基础不扎实,毕业时无法找到满意的工作,后悔当初没有好好学习。

年轻人中还有一些"月光族",他们把每个月的工资全部花掉,除基本的开销之外,还花大量的钱享受高级餐厅、到处旅游、购物等。这些人一旦遭受一些意外,比如生一场病,或突然失去工作等,都会给他们造成巨大的打击。

以自我为中心

以自我为中心,不懂得换位思考是独生子女的普遍问题。全家只有一个孩子,爸爸、妈妈、爷爷、奶奶、外公、外婆一家六口人把孩子当宝贝一样,生怕孩子受到一丁点委屈。孩子在这样的环境下过着衣来伸手、饭来张口、无忧无虑、有求必应的日子,自己仿佛就是小皇帝,而长辈则是一群宫女和太监,天天伺候,生活无比滋润,逐渐在潜意识中形成了自我中心倾向。

但是,现代社会大到一个公司的运作,小到一个零件的制作,都需要多人互相协作,共同完成。以自我为中心,不懂得换位思考的人,当他们步入社会,就会发现自己的这一套对周围人没有效果,大家不会事事都顺着自己的想法来,从而造成人际关系紧张。此外,换位思考能力强的人,他们在开发新产品时容易满足大众的需求,人生成功的概率更高。

缺乏感恩心

笔者曾经做过一项研究,在众多的人格特质中,发现运气与感恩心的相关程度最高。感恩心弱的人,潜意识中不容易注意别人对自己有利的东西,而容易注意别人对自己不利的东西。感恩心弱人生的运气就差,因为他会使周边支持他的社会力量帮助他的动力减弱。通俗地讲,别人帮他的忙,会觉得没劲、没意思。一个人得不到很多人的帮助,自然就运气差,机会少了。

笔者还要提醒大家注意一点,感恩心不止口头说谢谢。很多人感恩心很强,嘴里不说谢谢,照样运气很好。这是因为感恩心强的人通过潜意识沟通将信号传递给了周围的人。

第三章　婚姻管理心理学

导言：

  本章涉及许多婚姻管理的误区，需要学习者有很好的自我反省精神，这样会对经营美好的婚姻有巨大的作用。

第一节　破坏婚姻的误区（妻子篇）

很多女性深陷婚姻误区而不自知，本节的学习可以是一个深刻的自我反省过程。需要放下防御心，深刻地意识到人是不容易承认自己错误的，真心认为自己没有犯错不等于真的没有犯错。

多数女性犯下列错误时，一般都打着"我是为你好的旗号"，表面是利他，实际是满足自己的需求，本质是自私。

人有追求"我是正确的"强烈倾向，为了证明自己的正确性，常对外界信息进行选择性接受和选择性遗忘，所以人难有自知之明。学习本节与下一节，最好是多人一起学习，互相纠偏，互相帮助，如果独自一个人总结婚姻问题，绝大多数人的结论都是：都是对方的错！另外，女性请多注意学习本节"其中容易犯的破坏婚姻十二大误区"，少关心"丈夫容易犯的破坏婚姻的十二大误区"，笔者对男性也有同样的要求。当然，以本书为教材做老师，也会大大加深理解，对提高自己有巨大的作用。

终身追求和自己条件不匹配的婚姻

女性破坏婚姻的第一大误区是想找一个比自己条件好得多的对象。虽然我们都听说过灰姑娘与王子的故事，很多女性也非常羡慕里面灰姑娘的唯美爱情和一步登天的婚姻。之所以这是童话故事，也同时意味着这样的故事在现实中几乎是不存在的。婚姻其实是一个双向选择、相互匹配的结果。合适的婚姻符合"门当户对八要素"，分别是"颜（颜值）""智（智商）""贤（贤惠）""才（才能）""钱（财富）""势（影响力）""功（性功能）""德（品德）"。不是说所有八要素都要匹配，但婚姻双方的八要素综合总分要大体相当才能保证婚姻的持久稳定与幸福绵绵。有一个极丑的女性曾经来问我，她说："我的婚姻目标是做市长夫人，如何才能做到？"我的回答是："做市长夫人要很好的命哦。"人生有时候真的要认命。

曾经有一段时间，有个韩国电视剧在中国很火爆，里面有个都教授，这个教授很年轻、很帅气，而且很有钱，汉城中有几条街的土地属于他个人，竟然还有奇特的功夫，随时可以瞬间移动，立刻出现在你面前，又特别有学问，是著名大学的教授，还特别有空闲，随时陪女主闹感情纠纷，最重要的是特别专情，只对一个女人感兴趣。这个年轻帅气、有钱、有知识、有奇功、有空闲、有耐心、特别专情的男人成了中国女人的偶像，导致这一年中国夫妻纠纷数量大幅度上升。笔者苦口婆心地劝许多年轻女性：这样的男人是找不到的，只有一个地方存在这样的男人，就是在梦里，而且找到了也很麻烦，因为根据心理学知识，这样的男人很有可能是同性恋。

将自己丈夫与别人的丈夫做片面的比较

女性在婚姻中经常走进的第二大误区是将自己丈夫与别人的丈夫进行单因素比较，片面攀比。这些女性在日常婚姻中经常忽视自己丈夫的优点，却总拿自己丈夫的缺点和别人丈夫的优点进行单因素比较。比如，很多女性嫌自己老公赚钱不多，却忽视了老公经常陪伴你；也有很多女性的老公赚钱很多，却又觉得老公很忙，陪伴自己少，声称我不是嫁给钱，而是嫁给爱我的人。又比如，很多女性没有看到丈夫性格温和、尊老爱幼、疼爱妻子的一面，却总觉得自己丈夫外貌长相不如别人老公。再比如，很多女性没有看到丈夫事业心强、综合能力强、收入高的一面，却总盯着别人丈夫学历是研究生，而自己丈夫是大专学历这一点。也有很多女性没有看到自己丈夫在医院、教育、公益组织等机构担任高级职务，为国家和社会做出巨大贡献，眼里只盯着别人丈夫今年又赚了几百万元。

这些女性之所以会将自己丈夫与别人丈夫进行单因素比较，片面攀比，主要有这么三个原因：一是这些女性潜意识焦点负面，总是盯着负面和缺点，忽视了丈夫身上的优点，却不知"鸡能生蛋，也会拉屎"，老想着鸡生蛋就很开心，老想着鸡拉屎就很难受；二是这些女性缺乏自己核心的价值判断，容易受社会暗示影响；第三个原因是这些女性内心比较"贪"，想要搞统筹兼顾，希望自己的丈夫样样拔尖，各方面领先，是个完美形象。殊不知天下并无完美之人、必胜之事。

在女性这样的单因素比较、片面攀比下，自己总觉得丈夫不如人，既会让自己内心痛苦，心理状态扭曲，久而久之会产生抑郁等心理疾病；又会让丈夫时时处于压力之中，长期自卑或压抑。如此下去，最终结果是夫妻婚姻质量降低，甚至婚姻破裂。

闹婆媳矛盾，以为丈夫能摆平纷争

女性破坏婚姻的第三个误区是婆媳矛盾，并且误以为丈夫能够轻易摆平婆媳双方。妻子与丈夫家人的矛盾主要有：其一，与婆婆矛盾（也有少量与公公有矛盾）；其二，与丈夫的兄弟姐妹有矛盾。在普通老百姓看来，矛盾是因为诸如"话不投机半句多""性格不合"之类的原因，但以我们专业眼光看来，婆媳矛盾、姑嫂矛盾背后的根本原因是对家庭主权的宣示及争夺。无论是妻子还是公婆都想在家庭中掌握主权，争夺丈夫（儿子）的爱。姑嫂矛盾表面看起来与婆媳矛盾无关，背后也是丈夫的姐妹与丈夫的妈妈这个天然的联盟在宣示家庭主权，本质上也是婆媳矛盾。

很多女性天真地以为婆媳矛盾好解决，丈夫能够摆平。殊不知婆媳矛盾是一个无解题，丈夫根本没有能力解决，毕竟矛盾的一方是丈夫不可能抛弃的血亲，另外一方是自己的结发妻子。矛盾双方对丈夫来说都至关重要，不能失去。这就导致丈夫左右为难，轻则情绪低落，重则产生抑郁焦虑等心理疾病，还有的会出现心因性头痛、心因性肠胃疾病等心身疾病。

笔者碰过无数婆媳矛盾案例，也见过许多因婆媳矛盾导致的自杀案例，很多人误以为自杀者多为妻子或婆婆，实际上绝大多数自杀者是男性，婆媳矛盾中婆婆与媳妇都有出气筒，唯独男人只有受气的资格，没有出气的地方，所以男人自杀概率更大。

长时间、大剂量、高强度、弥漫性地批评丈夫

女性破坏婚姻的第四大误区是长时间、大剂量、高强度、弥漫性地批评丈夫,并且不管丈夫做得正确与否。比如,在家里丈夫做家务拖地,妻子看到的不是丈夫上班辛苦之余还帮家里干家务,反而批评丈夫在厨房角落里有几根头发没有弄干净。又比如,丈夫在家里照顾孩子,妻子对整个照顾流程大批特批:"纸尿裤没系紧""衣服没拉整齐"……诸如此类,导致丈夫不敢再照顾孩子。还有过夫妻生活时,妻子没有鼓励,只是埋怨丈夫身体不行。在纪念日丈夫买了礼物,妻子却说不是她要的那个款式或者颜色,等等。

究其原因分析,这样的女性属于我们说的指责型人格,关注焦点负面。长期与这样的女性生活在一起,丈夫不管表面是否反驳,潜意识会接受这样的信息输入,导致自卑,事业受挫,甚至还会让丈夫产生心因性阳痿。有的丈夫忍耐时间久了,可能会反弹性出轨或者爆发激烈斗争,导致双方离婚。

过于贪心,期望丈夫既能主外又能主内

女性破坏婚姻的第五个误区是既希望丈夫大量参与家务,又希望丈夫事业成功。这类妻子会要求丈夫每天下班之后立刻回家,并安排好家务分工,比如要求周一三五回家之后买菜做饭洗碗,二四六回家之后洗碗做饭买菜,星期天外加大扫除。当然,家务做好只是基础,这类女性还要求丈夫必须把事业做好,今天问丈夫什么时候加薪,明天问丈夫什么时候升迁,后天问丈夫什么时候当老板迅速暴富。

究其原因,还是这类女性比较"贪",因为"贪"缺乏主次观,想统筹兼顾;因为"贪",所以想无本轻松发大财。殊不知,鱼与熊掌不可兼得,什么都想要反而什么都得不到,徒生烦恼。我们就以让丈夫每天买菜做饭为例,如果每天丈夫要早下班回家买菜,那么这个男人就会陷于这些鸡毛蒜皮的事情当中,只记住了今天青菜几毛钱一斤,鸡蛋多少钱一个,在时间精力都有限的情况下,他哪有时间和精力思考宏观方面事业上的事,而且潜意识看问题的视角会不知不觉地缩小。如果让他创业当老板,潜意识必定是小家子气的,难以成功,比如要购买一

个关键设备,企业产品质量可以大幅度上升,这个设备价格是50万元人民币,假定他经常被妻子逼着去菜市场买青菜,那么他潜意识里面就可能清晰地记得青菜是5毛钱一斤,潜意识会不知不觉地自动计算,这个设备相当于100万斤青菜,子孙十八代也吃不完,这个设备还是别买了吧。这样,怎么可能创业成功呢?

让老公大量做家务也是可以的、合理的,但是大量做家务又要事业成功,就矛盾了,希望老公大量做家务,就要放弃事业成功的要求。

密切监控丈夫的一举一动

很多女性都有这个误区,不给丈夫留个人空间,只是程度有所不同。在日常生活中,很多女性担心丈夫有外遇,所以采用各种手段监控丈夫。常见的手段有:第一,每日查手机里的微信聊天记录、QQ聊天记录、短信记录、通话记录;第二,每周查银行流水、消费记录;第三,手机定位,时刻监控丈夫所处位置;第四,每次出差前要求丈夫交"公粮",出差中视频巡视,出差回来后找衣服上有没有头发。甚至还有的女性采用科技手段,在丈夫车上安装监控监听设备,雇用私人侦探跟踪调查丈夫等。

从心理学角度分析,这类女性多属于安全感不足、控制欲强的类型。如果丈夫长期处于被监控的状态下,没有一丝个人空间,会逐渐内心压抑,久而久之就会产生各种心理疾病及心身疾病。此外,丈夫会烦恼丛生,而男人烦恼时会通过出轨来对冲烦恼,出轨概率反而会大幅度提升。这是心理学界的共识:严管老公会大幅度提高老公出轨概率,男人只要想出轨,是不怕找不出时间的。

不注重个人形象、品位、修养的提升

很多女性在结婚以后还有一个误区,认为反正已经结婚了,就不再注重个人形象、品位及修养提升,更不会随着丈夫的提升而提升自己。这些女性又主要分为两种类型:第一种,不修边幅保姆型(尤其是家庭主妇);第二种,脑袋空空花瓶型。

婚姻幸福持久的核心要素之一是互相欣赏认同。这种欣赏认同既要在外在形象及品位上体现,毕竟男人都是视觉类动物,把自己弄得很丑是不妥的;如果老公在不断进步,女性还要不断地学习,这样才能保持婚姻持久幸福。无论是不修边幅保姆型女性还是脑袋空空花瓶型女性都会失去丈夫的欣赏及认同。久而久之,丈夫就可能会出现外遇或者找"红颜知己"的情况。

能力不足,却喜欢干预丈夫的工作

女性破坏婚姻的第八个误区是干预丈夫的工作及事业。这种女性经常询问丈夫的工作内容和事业发展,品头论足并给出很多自认为正确的建议。在长期这样的沟通中,不管丈夫表面是否接纳,妻子对丈夫的影响力是巨大的,这种影响是不知不觉的,是潜意识性的,这些说法会慢慢进入其潜意识,无形当中影响丈夫在工作和事业上的很多决策。

这种做法的危害在于,一方面妻子并不掌握丈夫在工作中的各项信息,在有限信息下决策失误率本来就高;另一方面很多女性自身能力并不及丈夫,决策水平低于丈夫,也会产生失误。决策失误只是危害之一,很多时候丈夫还会因为妻子对自己工作的干预,产生反感,导致夫妻关系恶化。

如果妻子能力比丈夫强,可不可以干预丈夫的工作及事业呢?多数情况下也不行,因为妻子并不充分掌握丈夫在工作中的各项信息,也会造成丈夫事业失败。

有人说:我询问丈夫工作的情况,不就掌握了信息吗?那么共同决策他的工作,可不可以呢?答案是:不可以。通过丈夫口头说出的单位情况,永远都是主观意识性的、片面的,而人的正确决策必然受潜意识决策影响,许多正确决策的做出,含有直觉的成分,其实就是潜意识决策,妻子没有亲临一线,潜意识是没有感觉的。自古成功的王朝都禁止后宫干政,后宫干政的结果多半很糟糕,历史惨剧比比皆是,除非这个后宫很能干而且亲自临朝执政,像武则天等才能解决信息不充分、潜意识决策缺乏问题。

同样,丈夫幕后过度干预妻子的事业,结果常常也是很糟糕的。

要干预配偶的事业,就需要两人共同奋斗,直接参与一线才行,而且才能必须和工作要求匹配。

希望全方位改造丈夫

这个误区也是很多女性在婚姻中经常走入的。在结婚之后,很多女性认为丈夫既然已经娶了我,就得按照我的要求来生活,开始对丈夫进行全方位改造。比如,有的女性要求做IT的丈夫穿潮服,打耳钉;要求不爱吃榴莲的丈夫强行捂着鼻子吃榴莲;让不喜欢夜生活的丈夫强行晚上K歌、泡吧;甚至还有少部分女性比较极端,让信佛的丈夫在拜佛时强行说"阿门"。

在这些要求的背后其实是作为妻子的女性控制欲太强,甚至有的女性已经发展成为控制型人格。这种做法可能对丈夫产生三种不良后果:第一种,丈夫内心压抑,容易产生心理疾病及心身疾病;第二种,丈夫迷失自我,邯郸学步而四不像;第三种,丈夫反弹,夫妻争吵不断,婚姻关系恶化。

统计表明,被全方位改造的丈夫,烦恼很多,出轨率高。

关注孩子,冷落丈夫

这个误区在很多有了孩子的家庭中常见,并且这个误区也容易被忽视。很多女性在有了孩子之后,眼里全是孩子的衣食住行,每天围着孩子转,而忽视了丈夫的需求。无论在生活上的支持,还是在精神上的交流都严重缺乏与丈夫的互动,二人世界几乎为零。

出现这种情况的原因有两个:第一,女性作为母亲,爱孩子是其天性;第二,女性潜意识对丈夫不满,将希望寄托于孩子,希望孩子的成长符合自己的期望。

这个误区很常见,却最容易被忽视。因为这个误区披了一层外衣,就是我在为孩子付出,没有什么不对。长期带来的后果则是夫妻关系疏远,导致丈夫精神或身体出轨,而婚姻失败又会导致亲子抚养及亲子教育失败。

强迫丈夫做女性喜欢的事

男人和女人由于生物学特性和社会属性的不同,会存在很多心理上及爱好上的差异,但很多女性并没有认识到这一点。于是,很多女性希望老公和自己一样喜欢逛街,和自己一样喜欢聊天倾诉;也有很多女性不管丈夫是否喜欢,要求丈夫和自己一起看以浪漫爱情为主题的韩剧等电视节目;还有很多女性要求丈夫和自己一样喜欢烹饪,并且要做得色香味俱全,让很多丈夫叫苦不迭。

殊不知在人类进化史上,由于男女分工不同,心理及爱好也会差异较大。男性在远古狩猎时要求目标导向、强调雄性力量,以外部获取食物原材料为主。进化到现在,男性在商场购物完成直接回家,并不喜欢逛街,并且喜欢展示雄性力量类的节目,大多数也不喜欢烹饪。女性在远古时代以采集、照顾孩子、加工食物为主,所以进化到现在就喜欢逛街、向往浪漫、爱好烹饪、喜欢倾诉等。

所以,以女性心理出发,要求男性有女性心理,实际上是要男人变女人。有女性朋友来向我求助如何让丈夫喜欢逛街,如何爱上看韩剧,怎么样喜欢做饭时,我的答案也很简单:"变性。"

在这个误区中,以强迫男人逛街最为典型,也最被男人所讨厌。多数男人只要逛街,就会血压上升,心跳加速,头昏眼花,这是男人不可自控的反应,和爱不爱妻子没有关系。在网络上有人投票选举最讨厌的妻子行为,排第一位的就是被迫逛街。

以网络、电视、小说所宣传的生活方式要求丈夫

现在是互联网时代,有一个核心特点就是变化快,各种流行趋势及好坏标准变化也快。并且,由于各种媒体传播信息速度发达,很多女性开始以网络、电视、小说等里面宣传的生活方式来要求丈夫。今天要求丈夫按照韩剧里的"欧巴"对自己温柔无限,明天又要求丈夫要像电影《战狼》里的主角一样强悍,具有力量感;今天要求丈夫要按照抖音里面的短视频一样站在老婆这一方,坚持小家是核心,大家庭服务于小家庭的理念,明天又要求丈夫按照快手里面的短视频一样组织家庭大聚会,获得大家庭的支持。

从背后原因来分析,这类女性对核心价值观缺乏判断,容易受社会影响暗示。一方面自己活得很累,因为这些生活方式、好坏标准一直在变化;另一方面丈夫会觉得无所适从。还有一点我们不能忽视的是,这些媒体及传播的内容背

后都是有特定目标市场的。主打年轻女性市场的平台传播出来的肯定是"女性自立""以小家为主""夫妻感情重于母子亲情"的思想。主打男性市场的平台往往传播出来的是"男性为纲""女性要三从四德""不孝有三，无后为大"。女性更容易注意针对女性所开发的节目，男性更容易注意针对男性所开发的节目。所以，女性在看到各种网络、电视、电影及小说倡导的生活方式时一定要看清其背后的本质，这些人传播的价值观是按市场需求传播的，并不是按照客观真理来讲述的。坚持客观中立，以免受到不合理暗示，最终影响夫妻感情。

阅读本节时，千万要放下心防，加深反省，很多人之所以以为自己没错，是不知道自己已经犯了错！

第二节　破坏婚姻的误区（丈夫篇）

很多男性深陷婚姻误区而不自知，而且在本书成稿的2020年的统计表明，70%以上的离婚是由女性主动提起的，所以男性比女性要更加反省自己的婚姻误区，保卫婚姻。本节的学习可以是一个深刻的自我反省过程，需要放下防御心，深刻意识到人是不容易承认自己错误的，真心认为自己没有犯错不等于真的没有犯错。男性最好多学习本节，少关心上一节的内容，笔者强烈建议几个家庭一起学习本节乃至本书，逐节讨论，反省自己的过失，效果会更好。

沾染吃喝嫖赌毒等不良习气

男性破坏婚姻的第一大误区即为不良习气。这些不良习气主要有吃喝滋事、参与嫖娼、聚众赌博、吸食毒品等。男性一旦沾染上其中一种恶习，身边往往会聚拢一帮有类似癖好的狐朋狗友，并且这些狐朋狗友间会相互影响，带动其他恶习。

沉迷网络游戏

男性破坏婚姻的第二大误区是沉迷网络游戏。现代人多多少少都会玩些网络游戏，一般人玩游戏不会对自己的工作生活造成太大影响。但是，沉迷网络游戏的男性不同，沉迷游戏后会占用大量时间，而对事业、家庭都不关心。玩游戏时不知饿、不知渴，有时通宵上网，工作不能集中精力，出现大量纰漏。对待父母、妻子、子女关系疏远，游戏比亲人亲，过于沉迷网络会严重影响夫妻关系、工作、事业。男人沉迷网络的原因主要有以下三点。

第一，男人在现实生活中没有获得足够的价值感，用网络进行补偿。有的男人现实事业受挫、生意亏损、现在家庭的妻子或原生家庭的父母以指责为主，容易造成男人的低价值感。在网络游戏中可以通过打怪杀人、成功战胜别的玩家、升级等方式获得虚假的价值感，男人为了不断地获得这种价值感而沉迷游戏。

第二，沉迷网络是对冲烦恼一种方式。人在玩网络游戏时，大脑会分泌内啡肽、5-羟色胺、多巴胺等激素，而这类激素有很好的抗抑郁作用。当男人现实中的烦恼过多，网络游戏会成为男人对冲烦恼的一种逃避方式。

第三，沉迷网络是过强的控制欲的一种替代方式。天生控制欲比较强的男人，当在工作中没有当上领导，老婆又强势，无论工作与家庭都没法满足自己的控制欲时，转而会通过控制游戏中的人物杀人放火、开枪放炮来补偿性地满足自己的控制欲。

成年男人过度玩网络游戏，是一种回避问题的方式，是一种不科学的方式。女人受社会文化的暗示影响，潜意识认为男人是应该有所作为的，所以妻子看见丈夫玩网络游戏是非常难受的，女性的这种难受是很难自我控制的，这种难受程度大大超过了男性的主观估计，而男性没有充分意识到男女心理的差异。

家庭专制暴力

男性在婚姻中的第三大误区是专制暴力，具体表现为男性在激动时会出现拳打脚踢的情况。

男性长时期的家庭专制暴力会对包括妻子和孩子在内的整个家庭产生重大负面影响。首先，面对家庭暴力，妻子痛苦。其次，在这样的家庭中成长，如果孩子为儿子，那么儿子会因为同性学习模仿，将来长大之后大概率也会性格暴戾，产生家庭暴力。如果孩子是女儿，那么女儿会因为父亲的专制暴力对婚姻产生恐惧，并且发展为同性恋的概率大大提升。

长期对妻子冷暴力，无喜无悲，无怒无言

男性对妻子出现长期冷暴力是对婚姻的重大打击。冷暴力是精神暴力，无视妻子，无喜无悲，无怒无言，不理睬、不沟通，有时候冷暴力的杀伤力比行动暴力还要厉害。

男人采取冷暴力，约90%的妻子也有责任，主要是妻子是指责型人格，弥漫性地、长期地指责男人，而男人又有回避型人格倾向或者就是回避型人格，无法应对，就采取回避的办法。这种局面男女都有错，回避不是解决问题的根本方法，而女人要改掉指责人的习惯。

对妻子缺乏陪伴

在现代家庭里，男性普遍容易产生的一个破坏婚姻误区是在家里时间太少，以为只要赚钱就尽责了，导致妻子孤独。很多家庭的收入以男性为主，而现在社会生活节奏快，工作压力大。很多男性长时间在外忙于事业和应酬，回家越来越晚。即便在家，很多男性也缺乏与妻子主动沟通的意识，导致沟通减少，深度沟通更是丧失。

男性出现这个误区的原因主要有两个：一个原因是认为男人主要以养家为主，没有充分注意到妻子"人"的属性，而人是有精神需求的，在意识层面和潜意识层面都忽视了与妻子的交流沟通；另一个原因为男性在意识层面给予的理由，即工作忙，但实际上是潜意识对妻子不满，想要逃离家庭。

男性的这个误区会使得妻子感到孤独，导致夫妻关系恶化。妻子也可能因此产生抑郁、焦虑等心理疾病。部分妻子因为丈夫的这个误区，转而寻找外遇。

男人认为只要赚钱了，就尽责了，无疑把自己的作用简化为一台提款机。

当然，在中国做丈夫是很艰难的，多数男人工作确实很忙，中国是一个非常忙的国家，作为妻子也需要理解，不要提出男人无法胜任的要求，即不仅希望男人赚很多钱，又希望男人像恋爱肥皂剧那样花很多时间陪女人。男人认为赚钱即尽责，显然也是错误的，要意识到妻子是一个有感情的人，人除了需要吃饭外，

还有许多精神与心理需求,男人要充分注意到这个精神与心理需求。

不参与孩子的教育

丈夫不参与孩子的教育,导致孩子缺乏安全感和规则意识,这个误区是家里有孩子的男性常见的。在孩子教育中,很多男性经常处于"缺位"状态。这些男性往往有两个错误观点:第一,学校或者外部培训机构的教育是正式教育,家庭教育不重要,所以孩子教育应该交给外部专业机构;第二,带孩子是妻子或者老人的事,男人不需要参与。

男性产生这个误区的主要原因是托付心态。无论是将孩子教育简单理解为学校教育还是将孩子扔给其他家庭成员都是托付心态的结果。

男性这种误区带给孩子的后果短期可能显现不出来,但在孩子逐渐成长过程之中就会逐渐显现。孩子会因为缺乏父亲陪伴,缺乏父亲教育,导致安全感不足,规则意识弱,因为国内外心理学专业人士都证实孩子在 3 岁之后的安全感来源主要是父亲。孩子还会因为父亲陪伴和教育的缺失出现规则适应不良。

在这里再次重复提醒:父亲在孩子的潜意识里代表安全、规则、权威。

把"顺"当"孝",激化婆媳矛盾

"孝"即在物质和精神方面奉养父母,"顺"即服从父母对自己工作、事业、学习、生活、个人私事的全面领导,"孝"是天经地义的,"顺"是封建糟粕。

几千年的农耕社会,农耕知识与经验更新极慢,而农业生产经验在经济活动中非常重要,老人都是最会种田的,所以自古就流传"不听老人言,吃亏在眼前"这样的俗语,这是形成"顺"文化的本质原因。

但是,现代社会知识更新速度极快,除少数专家学者教授外,大多数情况是老人反而不如年轻人懂得多,传统文化的"顺"就过时了,"不听老人言,吃亏在眼前"就失效了。

婆媳矛盾是家庭矛盾中最常见的矛盾之一,男性也常常因为在婆媳关系问题上处理不当导致婚姻出现问题。男性在婆媳关系上经常出现的错误包括：第一，过分强调顺从父母，父母说什么就认为什么是对的，不管父母说的是否正确。极端少数男性还会被贴上"妈宝男"或者"爸宝男"标签。第二，对妻子父母和自己父母在物质资源及精神资源上分配不均。第三，在妻子与自己父母发生冲突时，一味站在父母一方。

很多男性之所以出现这种误区在于深受中国传统文化影响和社会暗示，认为对父母不顺即为不孝。殊不知，"顺"与"孝"不能画等号。时代已经发生了根本变化，这种愚顺可能会激化婆媳矛盾，导致家庭鸡犬不宁甚至婚姻破裂。

与其他女性保持密切关系

男人与其他女性保持紧密关系也容易破坏婚姻。很多男性在结婚之后仍然与其他女性保持密切关系，比如与前女友、女同事、"红颜知己"等关系紧密、暧昧甚至发生性关系。

为什么很多男性在结婚之后还要与外面的异性保持亲密关系呢？这得从生物遗传角度来分析。在人类进化过程中，女性生育的孩子肯定带有自己的基因，男性却不确定伴侣生下的孩子必然带有自己的基因。为了将基因遗传下去，男性会选择交配更多的女性，以便遗传自己的基因。经过数百万年的遗传，那些广泛交配的基因被遗传下来。所以，即便在现在一夫一妻制度下，基因遗传促使男性倾向于继续在外面与其他女性保持关系。

虽然有基因遗传的因素，但本能是不能任意泛滥的，男性通过理性克制，树立正确的婚恋观完全可以做到洁身自好，与其他女性保持合理距离。就如人都有获取生存资料的本能，但这不能成为抢银行的理由一样。但是，很多男性没有克制自己，在外面与其他女性保持密切关系。如果妻子发现，肯定会影响婚姻关系，甚至导致离婚。妻子也可能会报复性地去找"蓝颜知己"或者出轨。即便妻子不发现，男性也会因为与其他女性的亲密交往，慢慢疏远妻子，最终夫妻关系破裂。

有的男人会说，我和异性的亲密关系仅仅是纯洁的友谊。从心理学的统计来看，很难认可上面的观点，男人和异性的亲密关系大多数会慢慢发展成性关系,男人和异性的长期亲密关系没发展成性关系也是有的,就是这个男人性取向偏向同性恋。

缺乏事业心

人类基因的第一本能是努力使自己的基因传下去,这就变成了天生的潜意识,是不知不觉的,在意识层面个体不一定清楚。女性基因本能当然也是如此,为了使自己的后代存活率提高,女性就会不知不觉地重视男性获取资源的能力和倾向,以帮助自己养育后代。经过几十万年的基因竞赛,不重视男性获取经济资源能力与倾向的女性基因容易被淘汰,留存下来的女性基因,都是重视男性获取经济资源的能力与倾向的,当然社会的主流教育是一切向"钱"看是罪恶的,于是重视男性获取经济资源的能力与倾向的潜意识,转化成了一个好听的名词——重视男性的事业心。

而且,社会主流文化也充满着上述暗示,一个家庭穷困潦倒,人们一般指责这个家庭的男人没本事,很少指责这个家庭的女人没本事,主流文化还是暗示男人应该扛起家庭赚钱的主要责任。

虽然随着社会的迅速发展,赚钱的方式从以体力为主变成了以脑力为主,所以在许多领域,女性赚钱的能力并不比男性差,甚至比男性强,但女性的心理状态没有转变,仍旧会不知不觉地对男人没有事业心非常看不惯。

在这个问题上,笔者对男女双方都提出要求,男人可以赚钱比女人少,但至少要表现出积极向上的精神状态,女性要充分理解上述心理本质,提高自己的理性程度,防止让自己的本能任意泛滥,就像性是人的本能,但不可以任意泛滥一样。如果女性让自己"重视男性获取经济资源能力与倾向"的本能任意泛滥,那么要注意到一个重要的数据,在本科以上学历人群中,女性人数多于男性,如果都要求男性赚钱比自己多,在本科以下人群中是没问题的,在本科以上人群中就会产生严重的社会危机,即:许多本科以上学历女性没法找到合意的老公,即使结婚了,离婚率也会很高。所以,对于本科以上的女性,特别是能力强的女性,许多人就存在着选择:要么约束自己的本能,接纳老公比自己收入低;要么就做单亲母亲或不婚族。两全其美是很难的。

　　很多能力强的女性，不能约束本能，受本能的驱使，横竖看不惯赚钱比自己少的老公，和能力强的男性发生婚外情，受激情的驱使，和丈夫离婚，后面会发现，和能力强的男性转化为法定夫妻的概率是非常低的。而这个能干的男性，多半也是受本能的驱使，潜意识不知不觉地认为，多一个性伴侣就是多一份成功，是不会真正地愿意结婚的；另外，能干的男性，情商多半是高的，逢场作戏的能力是强的，会使得女性误以为是有很大的结婚机会的，能干的男性多半会提出：你没离婚，我们怎么结婚？很多女性信以为真，激情澎湃，主动提出离婚。笔者做过很多调研，发现这种类型离婚五年后，约八成的女性后悔了，表现出复婚的意向，但绝大多数男性不肯复婚。在这种情况下，能干女性主动提出离婚，是要三思而行的。但是，笔者还是向男人提出忠告：赚钱可以比老婆少，但干劲一定要大，事业心一定要强。

没有充分意识到女人是听觉型生物

　　男人和女人在天性上差别很大，但很多男性并没有意识到这一点，成为影响婚姻的误区之一。日常生活中常见的场景：一种是妻子经常会问丈夫"你爱我吗"，很多男性不耐烦；另一种是妻子新买了衣服或者换了个新的发型让丈夫评价，很多男性敷衍了事；第三种是妻子与丈夫沟通她的一些见闻趣事，很多男性心不在焉，消极回应。

　　男性的这些生活场景误区在于没有意识到女人是听觉型生物。在人类进化过程中，女人负责在家照顾孩子、联络邻里、采集蔬果，更擅长"耳听八方"，因此更容易被听觉上的刺激所诱惑，对甜言蜜语的需求强度高。此外，由于男性在遗传过程中，出于繁衍的本能，倾向于在外面"广播种"，使得女性安全感天然要低于男性，因此会不断地通过让男性说"我爱你"之类的甜言蜜语来确认男性的心意。

　　很多男性没有意识到女性的这种特质，对妻子的爱意表达欠缺或者敷衍。这样只会导致妻子安全感更加不足，可能的后果有：妻子补偿性过度消费来获取安全感，还有可能妻子去外面寻找"蓝颜知己"，甚至出轨来获取安全感。

不回应妻子的唠叨

英国心理学界有人统计：女性平均每日说话量是5 000个单词，男性平均每天说话量是2 000个单词。

所以，**女性喜欢在家中说话，是天性**，男人要充分理解。有的男人对妻子在家里说个不停非常厌烦，这是不对的，许多男人对女性的唠叨没有回应，那女性更要说个不停，直到有回应为止。

所以，面对妻子的唠叨，最好的应对方式是：心理上理解并接纳，行动上要有适度的反应。

没有充分意识到礼物的意义

男女心理是有差异的，女性对礼物非常重视，潜意识是把男人的礼物当作是否爱自己的表现。男人出差异地、女性生日、逢年过节给妻子买礼物是很重要的，礼物不在于是否贵重，关键是它的心理价值。请注意，女人对礼物的态度只有两大类型：

第一类型的女人是非常重视礼物的！

第二类型的女人是非常非常重视礼物的！

除这两大类型外没有第三类型。

男人阅读本节时，千万要放下心防，加深反省，很多人之所以以为自己没错，是不知道自己已经犯了错！

第三节　夫妻冲突管理

恩爱夫妻也难免吵架

夫妻吵架冲突是常见的事,夫妻就像两块都有棱角的石头,常年放在同一个罐子里,难免会磕磕碰碰。富兰克林曾经说:"夫妻争吵是一种游戏。然而它是一种奇怪的游戏,没有任何一方曾经赢过。"在现实中,在多数情况下夫妻吵架的输赢并不关键,夫妻低频率的小吵小闹可以增加沟通深度,调整各自的行为,反而增进双方感情,但也常有人因为吵得太多太厉害,最终以离婚收场。所谓小吵怡情,大吵伤心。

按笔者学术体系的哲学观,凡事阴阳至极而换或者解体,所以夫妻间从不吵架或者吵架极少,并非好事!这表明夫妻没有感情或者婚姻即将走向解体,我们试想下面的场景:

> 丈夫给妻子打电话:"老婆,今天我晚上有事,晚上不回家睡觉了!"
>
> 妻子给丈夫回复:"晚上不回家睡觉啊?很好呀!祝你心情愉快!"

你们感觉上述夫妻关系好吗?夫妻关系正常吗?

笔者写本书时已经53岁了,时间为2020年,多年的经验告诉我,相敬如宾、举案齐眉夫妻的离婚率,与大吵大闹夫妻的离婚率,是一样高的。

夫妻之间从不吵架或者吵架极少,大概率表明他们没什么感情,对配偶行为无所谓,所以吵架也懒得吵了!

那么，夫妻间小吵架，多大的频率为好呢？1个月1～2次是正常的范围。

当然，更多夫妻婚姻破裂的原因，是因为经常大吵大闹。因此，夫妻间的冲突管理是非常重要的。首先，我们要学习控制对方情绪的方法；其次，在对方情绪已经稳定的情况下，要区别应对。

当然，这是假定你自己情绪管理已经过关了，关于如何管理自己的情绪，笔者在复旦大学出版社出版了另外一本专著《情绪管理心理学》，可以帮助读者管理自己的情绪，应以那本书作为教材进行认真的学习。

吵架中的情绪管理

那么，如何管理对方的情绪呢？请学习以下内容。

首先，我们要明白一个基本的原理：人在情绪中是不讲道理的。

所以，一旦你的配偶进入了高度情绪化的状态，对方是不讲理的，这就是所谓的吵架无好话现象，在这个时候你和他摆事实讲道理是无效的，你首要的任务不是摆事实讲道理，而是把他的情绪稳定下来，只有稳定了对方情绪之后，你才可以和他讲道理。

再次重复提醒重点，许多夫妻在冲突中犯的错误是：没有先稳定对方的情绪，就马上和对方摆事实讲道理！

下面讲解夫妻冲突中控制对方情绪的五步法。

步骤一：裸露的皮肤接触。

大量的心理学实证研究证实：裸露的皮肤接触可以使信息越过意识的检阅作用，直达对方的潜意识。

理解这一点需要先理解我们心理的两个层次：意识和潜意识。意识和潜意识有专门的章节详细介绍，这里简单介绍下。潜意识对人的行为、认知、心理影响更大，但意识存在着检阅作用，就如门卫，对外部进入脑子的信息进行检查，决定是否把信息放入潜意识，同时对潜意识外出的信息也进行检查，检查是否符合社会主流意识形态，检查是否符合个体长期教育中形成的主要价值观，决定潜意识信息是否在意识领域里显化。

配偶在高度情绪化中，在意识的检阅下会对配偶的观点高度防御，完全拒绝它进入自己的脑子。

那么,怎么办呢? 进行裸露的皮肤接触,通过裸露的皮肤传递信息。

大量的心理学研究发现,夫妻间发生冲突时,单纯用语言沟通很难达到人们所期望的结果。对方盛怒之时,老公对老婆说:老婆,不要生气。这种劝说多数是毫无用处的,而如果一方使用了裸露的皮肤接触,矛盾就会迎刃而解,在争吵中,主动给对方一个拥抱,你把脸贴过去,在对方脸上磨一磨,亲一下对方的额头,轻轻地说:老婆(老公),别生气嘛! 往往能化解掉大多数的不良情绪。对方情绪会逐渐平稳。

如果双方没有拥抱的习惯,抓对方的胳膊,慢慢地往下抚摸,也是有效的。

请注意:隔着衣服抚摸胳膊是没有用的,一定要进行裸露的皮肤接触。完全没有裸露皮肤接触的拥抱也是没有用的,拥抱不是关键,裸露的皮肤接触才是关键。

请注意:抚摸对方胳膊时,要从上往下抚摸,其效果要比从下往上抚摸更好! 因为从上往下抚摸,有情绪冷静的暗示。

使用这个心理技术,70%的人情绪会稳定下来。

步骤二:低位坐下或放低对方重心。

大量的心理学研究证实:人的情绪和身体的重心高度成正比关系,重心越高,火气越大,重心越低,火气越小,越能够非情绪化,能够理智处理问题。

因此,站着沟通往往比坐着沟通更容易产生冲突,而座位越高则发脾气的可能性越大,所以人们常说"拍案而起"。

当夫妻吵架时,夫妻站着沟通就不如坐在沙发上沟通更加冷静理智,夫妻坐在沙发上沟通又不如坐在地板上沟通更加冷静理智,夫妻坐在地板上沟通又不如把配偶放倒在地,配偶更容易恢复理智,更加讲道理。不过把配偶放倒在地难度较高。

所以,笔者发出庄严的号召:**大家要养成坐在地板上吵架的习惯!**

单用这个心理技术,约60%的人情绪会稳定下来,上面两个心理技术联用,约85%的人情绪会稳定下来。

步骤三:反馈式倾听。

反馈式倾听即我方的表情、语言、动作和对方说话的内容高度呼应,及时给予对方反馈。

大量的心理学研究证实：反馈式倾听可以大大提高对方的满意度，会让对方产生被重视的感觉，减弱对方的情绪。

在现实生活中，许多男人经常犯一个错误：在妻子唠叨时，面无表情静静地听。很多男人以为这是一个好办法，其实妻子遇到这种情况，会觉得男人不重视她，会更加恼火，会不停地指责、批评甚至谩骂，直到男人有反应为止。

正确的做法是：丈夫要在表情和语言上不断地反馈。总的原则是：眼睛要忽大忽小，嘴巴要哼哈不停，身体要前俯后仰，表情或惊讶或严肃专注或点头微笑……并且伴随着相应的语言，如：

"老婆，这样啊……"

"这么辛苦啊……"

"真没想到……"

"还有这种事啊……"

"什么？刚才没听清……"

"真不简单……"

再次提醒要点：在夫妻发生冲突时，男人最忌讳的一点是妻子在唠叨时，丈夫对着妻子面无表情静静地听。这会让妻子觉得一肚子的委屈得不到重视，容易越说情绪越高涨。反馈式的倾听，则可以让妻子觉得被理解和重视，从而有效地减弱其情绪，避免冲突升级。

单用这个心理技术，约60%的人情绪会稳定下来，上面三个心理技术联用，约95%的人情绪会稳定下来。

步骤四：重复对方的话。

大量的心理学研究证实：在夫妻冲突中，将对方说话的内容加以整理，再用自己的语言反馈给对方，可以让对方感受到重视，有效地稳定对方的情绪。

当夫妻吵架时，妻子在那儿不停地说，丈夫可以适时地用自己的语言再把妻子的话重述一遍，例如："老婆，你刚刚讲了很多我的错误，你看看我是不是记住了，一共是五个方面说我没有做好，第一点是……第二点是……第三点是……

第五点是……"

丈夫把妻子的话重复讲一遍之后,妻子很大可能觉得备受重视,情绪就平稳了,而且在丈夫复述的过程中,妻子也会反过来专心地听,看有无错误或者遗漏,这样她的注意力也会被转移,使得她的火气下降,情绪缓和。

笔者在实践中还观察到一个有趣的现象:上述丈夫确认错误的几个要点,丈夫是否真的要去落实,是否要改正错误,多数妻子是很不在意的,也就是说,妻子情绪平复了,大多数事情也解决了。

单用这个心理技术,约70%的人情绪会稳定下来,上面四个心理技术联用,约98%的人情绪会稳定下来。

步骤五:以奇异之事转移对方注意力。

在争吵中,突然做出一些奇异的事情,往往会让对方看不懂,觉得不能理解,从而苦苦思索你这样做的原因,从而转移了对方的注意力,平复了对方的情绪。

其实,你这样做本身是没有什么复杂原因的,对方自然绞尽脑汁也得不到答案。但是,对方在思考过程中,注意力就已经被这件奇异的事所吸引,高度的情绪化状态也可能趋向于平稳。

笔者有位研究生,曾经有一次因为看了马路上的美女,妻子同他争吵。眼看越吵越烈,早就超越了事情本身的范围和严重程度。该学生突然站起来,猛地冲进厨房,脱下自己的一只鞋子,放在砧板上,再托着砧板恭恭敬敬地走到妻子面前,深深鞠了一躬,把上面有一只鞋子的砧板放在餐桌上。只见他的妻子一下子就懵了,停止了叨叨不休,一脸疑惑的表情,不知道丈夫是在做什么,以及为什么要这样做、有什么深意。争吵停止了,因为妻子在思考丈夫这样做的深刻原因,妻子的注意力已经完全被转移了,和丈夫讨论:你是不是发了神经病? 丈夫看马路美女的"滔天罪恶"就烟消云散了。

还可以这样,当妻子大发脾气时,你猛地跳开做三个马步蹲,蹲下去,站起来,蹲下去,站起来,再蹲下去,站起来,妻子很可能惊呆了,立刻情绪稳定。甚至唱国歌也是可以考虑的,丈夫突然脖子一仰,表情一拧,非常严肃悲怆地唱道:"起来,不愿做奴隶的人们……"妻子的脾气很可能立刻就烟消云散了。

请注意：用奇异之事转移对方注意力，每次必须用不同的方法，这需要一点创新力。

单用这个心理技术，约60%的人情绪会稳定下来，上面五个心理技术联用，约99%的人情绪会稳定下来。

以上介绍的五个方法，并不是每一次稳定夫妻情绪时全部都要用到，而是根据实际情况，选择合适的方法，一招不行再换另一招，直到对方的情绪稳定了即可。在通常情况下，按照这五步下来，可以让绝大多数夫妻的情绪都平稳下来，避免夫妻冲突升级。如果这五步都不能稳定对方的情绪，多半是犯了罪大恶极的错误，比如：捉奸在床、发现养的孩子是别人的、上当被骗百万元、娶了一个媳妇发现是男的……那么，任何稳定情绪的心理学技术都没用了。

不过，笔者的研究生，或者正式长期学习的学生，在学习控制对方情绪的心理技术时，不是学习五个心理技术，而是学习19个心理技术，这些技术不仅可用于夫妻冲突，也可用于工作冲突。

应对冲突要区别处理

如果夫妻双方情绪已经平稳，或者本身没有什么情绪，应对冲突要分三种情况处理：小冲突、中冲突和大冲突。

首先，要重复确认一个重要的心理学原理：除了工作与学术外，生活中人与人之间的事情，只有小是小非，没有大是大非。小事情没有约定俗成的对错标准，人世上99%的事情是无所谓对，也无所谓错的。

夫妻之间小冲突应对模式：重在认同对方，偶然转换态度。

生活中夫妻之间如果不是涉及大是大非的原则问题，就多认同对方，这样夫妻都更容易感到幸福。

比如，回家晚了，妻子抱怨，如何应对？

丈夫工作忙，在公司加班到很晚才回家，妻子一般都会抱怨："怎么这么晚才回来啊？都九点啦！"

多数丈夫会表现出不耐烦："我工作忙啊，你以为钱好赚的吗！九点怎么晚了？"

于是,两人开始争执:"当然晚了!""不晚!""晚!""不晚!"……

于是,双方围绕着九点钟回家是否晚这个话题,仿佛是研究学术问题一般,进行真理大讨论。这种做法是非常不妥的。

丈夫正确的做法是什么呢?一定要认同。对妻子说:"对哦!好晚了哦!都九点多了!真的是太晚了。"一般这时妻子的情绪就平复了。

在这种情况下,一般不需要转换妻子的态度,如需要转换,可以这样操作:

丈夫走过去一把抱住妻子,亲她几下,并且问道:"哎,你知道我为什么加班回来这么晚吗?"

妻子:"为什么呀?"

丈夫:"还不是希望多赚钱,为了你和孩子啊!"

多半事情就结束了。

夫妻之间中等冲突应对模式:微笑摇头拒绝法。

在不涉及大是大非的原则,但又必须有所拒绝表示的夫妻中等冲突,这就需要比较气氛融洽地拒绝对方,办法是:一边微笑一边摇头,既可以拒绝对方,又可以气氛相对融洽,微笑可以让对方放松,摇头可以表达拒绝。

比如,如何拒绝妻子提出要过永世难忘的生日的要求?

妻子要过生日了,还特意强调要永世难忘,如果丈夫不想花太多心思,该如何拒绝呢?直接说不行,妻子肯定不开心,丈夫可以面带微笑,嘴里答应道:"好的呀!好的呀!好的呀!"头左右摇摆,这时妻子对生日的要求预期就容易降低。在多数情况下,就不必过永世难忘的生日了。

夫妻之间高冲突应对模式:向假设第三方反击。

夫妻之间出现高强度的冲突时,比如遇到污蔑、原则性的、不能承认的指责,必须予以反击,如果不想气氛太激烈,可以将反击的对象指向虚拟的、根本不存在的、假设的第三方。

比如,妻子说:"你们男人,没一个是好东西!"

丈夫如果认同说"老婆,对哦!男人真的是没一个好东西",以后的生活,大概率是会天翻地覆、鸡犬不宁的。显然,这不是小冲突,而是大是大非原则问题,是不能认同的。

那么,如何应对呢?

这种情况是必须给予反击的,但反击的对象不是妻子,而是指向虚拟的第三者。

这时丈夫可以说:"老婆,社会上确实有这样的说法,他们认为男人都不是好东西,这些人其实智商是很有问题的,这种说法完全是胡说八道的,为什么呢?因为A原因……所以她们是胡说,因为B原因……所以她们是胡说,因为C原因……,所以她们是胡说……"

我们再列举一下直截了当的反击,比较一下效果:

"因为A原因……所以你是胡说的,因为B原因……所以你是胡说的,因为C原因……所以你是胡说的……"

显然,反击指向虚拟的第三者,气氛要更好。

学会在夫妻冲突中如何正确地应对,可以有效地平稳对方的情绪,避免高情绪冲突的发生和争吵的扩大,从而促进沟通,在妥善处理冲突问题的同时维持夫妻关系,甚至还可以变争吵为生活的调味品,增进夫妻之间的感情。

所以,对于家庭生活而言,心理学的学习是十分有必要的。

第四节　缓解家务矛盾的关键：多给对方鼓励

情绪体验是第一动力

在笔者成书的2020年，离婚率又创新高，家务矛盾是导致离婚的重要原因之一。如何解决家务矛盾呢？关键是：多给激励，少讲道理。

心理学上有一个主流观点：人的行为主要不是受观念影响，主要也不是受利益驱动，最强劲的力量是长期的情绪正负面体验，感觉情绪体验是正面的，就愿意多做这件事情，情绪体验是负面的，慢慢地就倾向于不做这件事情。推动人的行为的第二力量是利益，推动人行为的第三力量才是观念。

因此，让伴侣有做家务积极性最关键的一点就是：让他感觉做家务有正面的情绪体验。其他正面的情绪体验的例子：比如，许多人观念上是明确知道抽烟有害的，但仍旧会去抽烟，是因为抽烟的正面情绪体验推动了他的行为。又比如：从利益角度讲，努力读书考上名校，对人生绝对是有利的，但不好好读书的人大有人在，主要是因为读书太苦了，情绪体验负面。

所以再次重点提醒：**推动人行为最大的力量是情绪体验！**

关于让伴侣多做家务有两种常见的错误的观点或做法。

第一种错误就是伴侣烧了菜、做了家务，丈夫或妻子就在旁边批评。常见的说法是"这个菜盐放少了""这个东西整得这么乱""这里都搞得一塌糊涂""这里不行，口味差"，等等，那么这个丈夫或妻子的情绪体验是正面还是负面呢？答案显然是负面的，那么伴侣就会不知不觉地倾向于少做家务，伴侣做家务的概率不是上升，而是下降的。女性犯这种错误比较多，经常是女性大量批评男人的家务质量,男人做家务的价值感消失,做家务情绪体验负面,导致男人做家务的积极性不知不觉下降,进而又形成家务矛盾,成为离婚率升高的重要原因之一。

第二个常见的错误就是认为人要有责任感,对配偶大讲道理。他们背后的潜台词是:人的行为主要是受观念驱使的。责任感其实是一种观念。常见的说法就是"他应该有责任感啊""他应该做家务啊",等等。事实上,如果世界上的人都是按照"应该"来决定自己的行为,那这个世界就是一个大同社会,哪里还会有战争,哪里还会有小偷,哪里还会有秩序混乱,哪里还会有贪污,哪里还会有阴暗的东西? 所以,认为人按照"应该"去行动这种想法是幼稚的,在心理学上是不被承认的,整个社会的人当中只有一部分人的一部分时间会按照"应该"去做,即每个个体的一生只有一部分时间会按照"应该"去行动,所以批评伴侣不做家务,高举"责任""应该""道德"的大旗,实际效果是不佳的。

如何鼓励伴侣做家务

我们讲了两种常见的错误做法,那正确的做法是什么呢?

是多给予明示或暗示的激励!

比如,丈夫或妻子烧了菜,正确的做法就是要多夸对方,"好吃! 好吃! 好吃!"如果只是这样夸奖丈夫或妻子,那还不够,百分制打分的话只能勉强及格打个60分。

那80分是什么样呢?

80分就不只是夸他菜做得好吃,因为心理学有一个理论就是暗示的信息导入比明示的信息导入更容易进入对方的潜意识,明示的信息导入容易在意识的检阅作用下被堵在门外,不容易进入潜意识。关于"意识"和"潜意识",在本书中有专门的章节详细描述,这里不再细讲。"好吃! 好吃! 好吃!"就是明示信息,什么是暗示信息呢? 就是你嘴上虽然没说好吃,但是吃得很香,嘴里轻微地发出"啧啧啧"的声音,脸上有轻微的笑容,菜吃得比较光,但是盘子也不能吃得太光,笑容也要适度,三个要点就是:香、笑、光。这比嘴上说好吃的明示信息激励作用更大,因为说好吃会被意识检阅,去思考对方说的话是真的还是假的,但是你嘴巴发出"啧啧啧"的声音,脸上出现幸福的笑容,盘子吃得比较光,就是暗示的信息导入,意识是不检阅的。

那90分呢?

90分就不只是做这些了,当丈夫或妻子在厨房炒菜的时候,就要含情脉脉地看着他,跑过去亲他一下,嘴上不要说干得好,否则可能会引起他意识的检阅作用,而是要让丈夫或妻子朦胧地觉得"穿着炒菜的围裙、手里拿着勺子"那就是他人生最幸福的时光。

你通过坚持多夸奖伴侣饭菜做得好吃,或者通过眼神、动作暗示让伴侣觉得饭菜做得香,或者通过在伴侣做家务时去拥抱对方、脸蹭过去亲一亲等各种明示、暗示激励措施来激励对方,实践证明,是可以有效地缓解家务矛盾的。

第五节　应对夫妻之间的沟通困境

夫妻关系走入僵局的原因

在结婚之前,很多情侣处于恋爱蜜月期,彼此有说不完的话,恨不得一天到晚腻在一起。但在结婚之后,激情褪去,很多夫妻变得越来越不愿沟通,彼此变成"最熟悉的陌生人"。如何应对夫妻不愿沟通困境?笔者将在本节给予重点探讨。

首先来探讨本质问题,所有不愿沟通的夫妻都有一个共同的原因,就是至少其中的一方,特别是不愿说话的一方,在沟通中只体会到负面情绪,没有体会到正面情绪。通俗地讲,沟通只有苦头没有甜头,自然就不愿说话。

最常见的是妻子是指责型人格,丈夫只要说话,大概率会受到批评,慢慢地就变成了不说话,于是妻子又有了一个指责的理由,指责丈夫冷暴力。

丈夫是指责型人格,同样会造成上述状况。

如果夫妻双方都是指责型人格,那么双方都会觉得沟通只有苦头没有甜头,于是婚姻就变得冷冰冰了。

夫妻关系改善建议

当然,指责型人格导致对方不愿说话,是常见情况,不是代表问题的全部,全面分析请仔细学习下文。

建议一:调整自身负面人格特征。

在婚姻中导致夫妻不愿沟通的原因有很多,其中很重要的一条是夫妻其中一方或双方具有负面人格特征,导致另外一方沟通体验比较差,在惩罚机制作用下,另一方沟通意愿降低,甚至不沟通。

常见的负面人格有三种。第一种是指责型人格。具备这种人格特征的个体潜意识关注的焦点在他人的缺点,如果配偶一方是指责型人格,那么另外一方大概率会活在配偶的批评指责阴影下,久而久之就不愿意沟通。第二种是无才控制型人格。这类人领导欲望很强,但没有与之匹配的才能,在社会上无法满足其领导欲时,容易把这种领导欲望施加到亲密的人身上。在婚姻中如果一方是无才控制型人格,在婚姻生活中将自己的喜好强加于另外一方,导致配偶生活会有窒息感。一旦配偶没有按照其意愿来,本人就会非常难受,负面情绪体验很强,势必影响夫妻沟通。第三种是钻牛角尖型人格。这种人格是指责型人格的一种特殊形式,除了具备指责型人格的共性特征之外,还具备其特殊特征:钻牛角尖型人格将批评内容多集中于小概率事件。如果配偶对某件事物表达了自己的观点,钻牛角尖型人格多半会找出极小概率可能性的事情进行举例反驳,试想遇到这样的配偶,另外一半怎么可能还有表达的兴致呢?

以上三种负面人格特征会给其本人及亲朋好友带来诸多灾难,有兴趣的读者可参阅笔者关于六种负面人格的专题文章,在本篇就不赘述。

在现实中,夫妻一方或双方具备上述一种或多种负面人格特征会给夫妻沟通带来巨大障碍。因此,调整负面人格是应对夫妻沟通困境的基础。但是,负面人格比较稳定,不是意识层面的观念问题,而是深层次潜意识问题,因此需要通过潜意识调整来缓解。

建议二:运用沟通投机原理来改善沟通方式和质量。

在婚姻中有一个常见现象,即夫妻双方在日常生活中各自干自己感兴趣的事,互不打扰。这样的话,看似彼此有了自己的空间,自由自在,却因为兴趣爱好不同,缺乏沟通话题,导致沟通频率及沟通质量大大降低。

笔者在《沟通心理学》中有一个章节指出,通过沟通投机原理可以提高沟通质量。具体来说有两条:一条是一方的表情、语言、动作与对方说话的内容高度一致;另一条是准备共性话题知识与技术。

在解决夫妻沟通困境问题上可以运用上述沟通投机原理。在日常生活中,配偶在双方沟通时,要表现出极大的倾听热情,身体前倾,睁大眼睛,根据对方沟通的内容显露出或高兴,或悲伤,或……的表情,这样的话可以极大地激励配偶沟通意愿;可以提高配偶双方沟通质量,继而增强双方沟通意愿和沟通频率。

当然这样做是困难的,愿不愿意这样做,这取决于读者希望改善双方沟通方式的力度。沟通投机的技术口诀可以形象地概括为:

> 眼睛忽大忽小;
> 嘴巴哼哈不停;
> 身体前俯后仰;
> 不断给予反馈。

建议三:在夫妻沟通冲突时,及时平复配偶情绪。

婚姻生活不可能是完全风平浪静的,总会出现一些波澜。当夫妻双方在沟通中出现冲突时,如果不能够及时处理好,除了严重影响双方时下情绪外,还有可能因情绪过分激动,给双方留下阴影,长期影响夫妻感情及沟通。

人在情绪化状态下是不讲道理的,而非专业人员控制对方的情绪是非常困难的。请仔细研读本书一系列控制他人情绪的方法,会有收获的,这里就不展开了。

建议四:尝试新鲜事物,增强生活仪式感。

很多夫妻在婚后面对柴米油盐酱醋茶失去新鲜感,生活趋于平淡,双方也越来越没有沟通动力。也有的夫妻因为有了孩子而忽视了与另一半的相处与沟通。在这个时候,夫妻双方应该创造二人世界,尝试新鲜事物,增强生活仪式感,可以缓解沟通困境。

比如,可以将双方在热恋时的重要时光以新的方式进行庆祝,可以是纪念礼物、享用大餐、度假旅行、欣赏电影或话剧等经典方式,也可以是植树、志愿者、慈善活动等有意义的庆祝方式。

增强生活仪式感的核心有两个:其一,让彼此重温当年热恋期美好的回忆,庆祝方式与正面情绪链接,增进彼此沟通热度;其二,共同参与或经营一件有仪式感的事,因为彼此投入,产生栽花效应,双方会更加彼此认同,提升沟通质量。

特别请注意:如果夫妻关系已经进入冷战模式,一定是长期积怨的结果,对方潜意识的创伤也是很深的,如果问题是你引起的,你单方面想改善夫妻关系,是要花巨大成本的,可能要通过一年半载的逐步调整,才可以引发对方的互动。多年的积怨,想通过几天、几周来改变,是典型的急功近利心态,是非常有害的。

第六节 婚姻与原生家庭的关系

美国著名的心理治疗师和家庭治疗师萨提亚提出：一个人和他的原生家庭有着千丝万缕的联系，任其自然发展，这种联系可能影响他的一生。

西方经典的心理学认为：人至少在婚姻中的三个方面70%拷贝自同性别的家长，或者是通过对父母的观察，扩散到对整个社会的认知，认为全社会的人都和父母一样。

大量的统计数据也发现：如果父母离婚，子女离婚的比率也远远高于社会平均水平。所以，一个人的婚姻状况和他的原生家庭有着密不可分的关系。

沟通方式的同性别拷贝

西方心理学大量的统计数据发现，人的沟通方式主要是拷贝自同性别的家长。70%的女孩拷贝母亲的沟通方式，70%的男孩拷贝父亲的沟通方式。

也就是说，如果母亲是指责型人格，那女儿有70%可能性是指责型人格；如果母亲是乐观主义人格，那女儿有70%概率是乐观主义人格；如果母亲是高度责任心强者，那女儿有70%概率是责任心比较强的；如果父亲是一个特别内向不喜讲话的人，那儿子有70%的概率是不爱讲话的。

在什么情况下，女孩会拷贝父亲的沟通方式，男孩会拷贝母亲的沟通方式呢？

主要但不限于以下情况：父母离婚了，女孩判给了父亲，那她没有了拷贝的同性别对象，即她潜意识沟通方式里没有母亲可以拷贝，她就会拷贝父亲的沟通方式;或者父母离婚了,男孩判给了母亲,男孩和父亲接触很少,没有了同性别的拷贝的对象,所以他的沟通方式和活动方式拷贝的就是他的母亲;或者虽然是男孩,父母也没有离婚,但是家里母亲很能干,母亲说了算,家庭的安全感重心不在父亲,而是来自母亲,那么这个男孩潜意识也有可能拷贝母亲。

所以,假定父母的关系很不好,而且双方当中又有一方是指责型人格,那和指责型人格一方同性别的子女结婚后,婚姻关系也容易不好,因为同性别模仿,也容易是指责型人格。

如果父母长期吵架,程度极其严重,会导致子女也容易吵架,因为在他们的潜意识里,猛烈地吵架,是正常的。笔者有个学生,婚后两人经常互相扇耳光,也没离婚,为什么呢?因为他们父母,是经常动刀对打的,所以在他们眼里,扇耳光还是比较温柔的、可接受的。另外一个副作用是,认为婚姻是低价值的,会轻视婚姻,导致恐婚甚至不婚。

在极度缺乏关爱的原生家庭成长起来的子女,对自己的子女也是缺乏爱的,另外对爱的需求强度就特别大,当他在婚姻中无法得到他需要的爱时,他就容易出轨去获取更多的爱。

对异性的判断受父母形象的影响

单亲家庭的孩子对异性的判断很大程度上取决于对父母的判断。比如,父亲在外面出轨,那女儿就有很大可能通过对父亲的观察泛化扩大到对整个男人群体的判断,就容易认为自己的丈夫会出轨,放大了丈夫出轨的风险,丈夫被弄得头昏脑涨,甚至没有出轨的反而被弄得出轨,原因是丈夫烦恼很多,为了对冲烦恼,寻找婚外的乐趣。如果母亲在外面出轨呢?女儿也会泛化,认为女的都是这样的,既然都是这样,那么女人多有几个男人也很正常,那自己出轨的概率也提高了。

同样的道理,如果母亲在外面出轨,那儿子就有很大可能通过对母亲的观察泛化到对整个女人群体的判断,容易认为自己的妻子会出轨,大大放大了妻子出轨的风险,会对妻子严防死守。如果父亲在外面出轨,儿子也会泛化,认为男的都是这样,男人多几个女人也很正常,自己出轨的概率也提高了。

如果母亲教育子女极其严厉,十分过分,导致儿子对于女性的认知产生巨大的恐惧,男孩长大以后恐婚甚至是不婚的概率也会大大增加,还有部分人变成双性恋。如果父亲过分严厉,女孩也会产生类似反应。

育儿方式的同性别拷贝

大量的调查数据显示,父母的养育方式在同性别的子女中具有很高的相似性。

父亲喜欢以指责的方式教育下一代,那他的儿子对自己的子女也会常指责;父亲喜欢干预,强行扭转子女的兴趣,满足父母自己的喜好,就容易导致儿子把自己的子女也当作盆景,按照自己的意愿进行改造教育;儿子不听话,父亲动不动就是拳脚相向,那儿子长大后在教育自己子女时也容易采用武力去解决。

母亲整天担心女儿会生病受伤,女儿稍有不适就带到医院到处开药打针,那女儿在照顾自己子女时也容易谨小慎微、担惊受怕;母亲常常教育女儿"做人要有骨气",女儿也容易给自己的子女灌输"人活一张脸,树活一张皮"的思想。

当然,上面列出的只是原生家庭对婚姻影响比较常见的几个方面,但原生家庭对婚姻的影响还远不止上面这三个方面,比如有些性格特质就是遗传的,父母通过基因把这些性格特质遗传给子女,它们是极难改变的,那在结婚前就更需要慎重考虑了。

例如,自私是有遗传的,比较难改变,沟通方式则是属于潜意识层面的,通过潜意识调整还是可以改变的。但是,如果父母是极端自私型人格,那子女很大概率是自私人格,很难改变。

在婚姻中,无论是沟通方式、对异性的评估方式还是对下一代的养育方式,很大程度上都来自原生家庭,而且很多性格特质也是原生家庭形成的,所以一个人结婚如果不考虑原生家庭是很容易出现问题的,结婚前一定要重视对原生家庭的观察。

那么,结了婚以后呢?还是有希望的,办法是:首先是深刻理解上述心理学原理;其次要深刻反省自己的家庭矛盾,是否有原生家庭的影子,人要反省自己是很难的;最后深刻理解再加上深刻反省,才可能改变错误,调整行为模式,让自己的家庭向好的方面发展。当然,改变是要花大工夫的。

第七节　不孕不育的心理分析

不孕不育概念辨析

在谈不孕前，我们先要知道什么是"不孕不育"。社会上常将"不孕不育"连着说，实际上，不孕和不育是两个不同的概念。学术上不孕症指的是：在意识层面夫妻双方都有生育意愿、性生活正常且没采用避孕措施的情况下而仍然不能受孕的疾病。不育症指的是女方已经妊娠（怀孕），但因为早产、流产等原因而不能生下可存活小孩的疾病。

近年来，随着社会的发展，社会心理环境、物质环境的变化，不孕症的发生概率正呈逐年上升的趋势。相关调查显示，我国达到生育年龄的夫妻中有8%～15%会发生不孕症，且该病的发病正呈增长趋势。

不孕症的原因非常复杂，从整体上可分为生理性不孕和心理性不孕。

生理学上，西医认为不孕症有男女双方的各自病因。女性主要病因有：输卵管异常、卵巢异常、子宫及宫颈异常、免疫异常等。男性主要病因有：生殖器异常、性功能障碍、内分泌异常、免疫异常等。但是，有相当大一部分不孕症患者，在生理上查不出任何原因，其中，不明原因的男性占比约为31.6%。

现代西方心理学研究发现，不孕症群体中有相当大比例是心理性不孕。生理学的研究中，有相当大一部分患者找不到生理原因，这部分患者有相当大比例是心理因素导致的不孕，因而无明显生理症状，而免疫异常、内分泌异常、性功能障碍及生殖器异常与心理的相关度也非常大。

不孕症的心理原因

那么,患者出现了哪些心理障碍会导致不孕呢?

概括来说,不孕时因患者潜意识认为怀孕是一件有害的事情,因此潜意识指挥生理或行为出现各种障碍,使自己不怀孕或者降低怀孕的概率。需要特别提醒,这里所说的不孕的意愿是发生在潜意识层面的,是患者意识不到的。在意识层面,患者可能表现得很想怀孕,要理解这一点,需要读者仔细阅读潜意识相关章节。

不孕症的心理原因相当复杂,在不同社会文化中或同一社会的不同时间阶段,其原因都会发生变化。这里列举10种最常见的心理原因。

需要提醒读者,以下的10种心理原因都是存在于个体潜意识层面的,而潜意识的特点是控制着人的生理、心理、认知、行为、情绪,自己却不知道的。因此,当直接问患者是否是这些原因导致的不孕时,他/她大概率是意识不到的。

原因一:不爱对方,容易不孕。

当夫妻不爱对方时,潜意识不希望与伴侣有子女,会"指挥"生理系统出现一系列异常,来阻止怀孕的发生。男性不爱对方,潜意识会"指挥"精子数量下降、活力减少;女性不爱对方时,潜意识会"指挥"排卵异常,如卵子不成熟,甚至不排卵。即使怀孕了,也会指挥如孕酮下降或意外发生,导致流产。

有的人,特别是女性对怀孕这件事的态度是矛盾的,一方面爱老公的程度比较低,不愿意怀孕;另一方面,又认为作为女人是必须怀孕的。两种潜意识打架:如果怀孕潜意识占上风,不孕症概率就低一些;如果不愿意怀孕潜意识占上风,大概率会发生不孕症。

原因二:单亲家庭子女,容易不孕。

统计数字显示,单亲家庭子女的不孕率明显比社会平均水平高。这是因为单亲家庭子女经历痛苦的童年的概率更大,如父母在一起时经常大剂量、高强度地吵架,离婚后子女因为缺少父母中的一方的关爱,导致安全感、价值感不足等,单亲子女潜意识会深切地认为自己的童年是不幸福的,而且会泛化地认为,自己有了子女以后,他们也会经历这样痛苦的童年。

因此,这类单亲子女潜意识出于保护自己孩子的天性,不让自己的孩子遭受同样的痛苦,便不愿生育小孩,潜意识会"指挥"自己的生理异常,于是便更容易形成不孕不育。

原因三:早年亲子关系不佳,容易不孕。

个体在早年时亲子关系不佳,容易导致成年后不孕。如一个女孩的父亲,非常暴力,成天打人,或遇到一个母亲高强度、大剂量、长时间指责自己,那么这个女孩的潜意识也会认为自己的童年非常不幸,同样会泛化地认为,自己有了子女以后,他们也会经历这样痛苦的童年。

因此,为了保护自己的孩子,不让孩子遭受同样的痛苦,潜意识也会"指挥"自己的生理异常,造成不孕不育。

原因四:早年有过度困苦的经历,容易不孕。

个体的早年有过度困苦的经历,如早年家境特别贫寒,别人吃面自己在吃糠,别人可以穿新衣服,自己连打补丁的衣服都没几件,物质极度匮乏;父母过早离世,自己缺少成年人照料或照料人对自己很不好,历经艰难才生存下来;社会出现巨大动荡,导致安全感严重不足……在这种情况下,个体的潜意识也会错误地认为孩子出生后,也会经历这样巨大痛苦,于是"指挥"自己不孕不育。

原因五:对女性身份不认同,容易不孕。

女性对自己的身份不认同,在潜意识里不希望自己是女孩,也会容易不孕。

有些女性出于基因或后天某些因素的影响,是女性同性恋或双性恋中偏男角的一方,这些女性的潜意识会认为自己是男性,而怀孕是女性的标志性特点之一,因而潜意识会"指挥"自己不孕或降低怀孕的概率。要注意,这里的同性恋并非纯粹的同性恋,实质是双性恋,是可以接受异性的类型,纯粹的同性恋在生理上是无法忍受和异性亲密接触的,因此也谈不上不孕不育。

有些女孩儿早年受到家庭重男轻女思想的严重明示或暗示,老爸老妈整天在自己耳边唠叨、抱怨:"你要是个男孩该多好。"这样的女孩子即使表面上会反抗父母所说的话,认为自己是女孩子也挺好,但潜意识受到长期、反复、大强度的明示或暗示。她们已经深刻地觉得自己应该成为一个男孩子,为了达到这一目的，潜意识同样会"指挥"自己不孕或降低怀孕的概率。

原因六：认为生育会对自己的事业有严重障碍，容易不孕。

对女性而言，生孩子事实上是个非常耗费精力、时间的事，有些对工作极其重视的职场女性，意识和潜意识里会认为，怀孕、哺乳的过程，养育孩子的过程会消耗自己过多的精力、时间，会对自己的事业造成严重影响，因此不愿意怀孕生育，潜意识同样会"指挥"自己不孕或降低怀孕概率。

原因七：认为生育会对自己的身材有严重破坏，容易不孕。

有些对外貌、身材特别在乎的女性在意识和潜意识里会认为生过孩子以后，自己的身材会严重变形，因而潜意识会"指挥"自己不孕或降低怀孕的概率。

原因八：对社会作整体的、严重的、长期的否定判断，容易不孕。

有的人认为整个社会一团漆黑，是个人间地狱，活在这个世界上就是痛苦，潜意识认为把孩子带到人间是不负责任的，是害了孩子，于是潜意识"指挥"生理功能发生相应的变化，导致不孕。

原因九：因怀孕形成过严重的负面情绪体验，潜意识有创伤性记忆，容易不孕。

比如，有个男性，曾经因为恋爱导致女性怀孕，打了胎，又分了手，女性敲诈了这个男性400万元人民币分手费，从此该男性灵魂深处有了创伤：怀孕是非常可怕的，导致精液中活跃精子含量过低，形成不孕症。

还有的女性，过去因怀孕而多次打胎，非常痛苦，而且落下了一些后遗症，潜意识也容易"指挥"她不孕。

原因十：对男性和婚姻有深刻的不安全感，容易不孕。

有的女性虽然非常爱男性，或者男性过于优秀，或者男性过去经常劈腿，或者女性父亲因为有了小三而离婚，或者她周围的同学朋友离婚的例子太多了，或者前面谈了多任男友，全是被男人抛弃而结束恋情……这些情况，都有可能导致女性对婚姻有深刻的不安全感，对抚养孩子没有信心，潜意识觉得把孩子带到人间是不安全的，是对孩子不负责任的，容易导致不孕。

上面这10个原因，同样可以导致怀孕后流产，形成不育。

特别要提醒的是：造成心理性不孕不育的原因还有很多，上面只是常见的10种。

心理性不孕的应对方法

那么,如何治疗这些心理性不孕呢?

以上的10种误区都是发生在潜意识层面的,要解决这些问题,第一,需要在意识层面充分理解不孕症的心理原因,这对缓解不孕症是有巨大作用的;第二,要作出相应的行为改变,比如改善夫妻关系;第三,学习相关的情绪心理学课程也有一定的益处;第四,练习笔者的身心柔术也有一定的好处;第五,最重要的是,对潜意识的观念进行具体的调整,因为导致不孕的心理原因是多种多样的,所以潜意识调整必须是具体化的。

目前最有效调整潜意识的方法就是催眠,读者可找到本省大城市的好的催眠治疗师,进行几十甚至上百次的催眠,才可能产生较好的效果。这里要特别提醒,催眠并不是催人入眠的意思,而是一种调整潜意识的技术,具体参见潜意识相关章节。

如果是心理因素导致的不孕,光吃药是无法解决问题的。

第八节　单亲家庭子女的婚姻误区

随着时代的发展、人们观念的开放，"离婚"这个词也常常被听到，人们对离婚的接受度也越来越高。近些年，离婚率在持续攀升，而在离婚人群中，年轻人的离婚比例最高。有人说"婚姻是幸福的殿堂"，也有人说"婚姻是幸福的坟墓"，在不同群体、不同年龄段，导致离婚的因素肯定很多，婚姻中夫妻双方会碰到各种各样的问题，易导致很多人对婚姻失去信心，最后走向关系破裂。那么，有父母离婚的下一代婚姻怎么样呢？常常会有哪些误区呢？许多国内或国外多次的、大规模的数据统计都证实，单亲家庭子女的离婚率比这个国家的平均离婚率要高许多。这是为什么呢？

单亲家庭子女在婚姻中的误区有很多，小概率类型本节不一一列举，只阐述现实生活中存在概率比较大的几种类型。

指责型人格破坏婚姻幸福

离婚单亲子女，成年后特别容易形成指责型人格。与此相对照，统计发现由于父母当中有一方早年而亡的单亲子女，较少形成指责型人格。

究其原因，这是潜意识拷贝学习父母的结果。因为，离婚绝大多数会伴随着剧烈的、长期的、高频率的吵架，中国婚姻文化的特点就是"不成爱人，便成仇人"，离婚的过程中，经常是互相指责，都是对方的错，这样就对孩子形成一个暗示：指责人是正常的，并且归因朝外。主流心理学认为：人的潜意识主要是受青少年时期的影响，在这种情况下，单亲子女特别容易形成指责型人格,结婚以后也会习惯性指责配偶的错误,找配偶的毛病,使得婚姻特别容易破裂。

比如,老婆是指责型人格,生活中她会说老公能力差不能赚钱;如果老公能赚钱,同样会说老公不好,陪她的时间少,声称钱并不重要,爱情才重要。如果她老公能赚钱同时陪她的时间也很多呢? 还会说老公不好,可能会说老公文化程度不够高,没品位等,总之,满眼关注到的都是缺点。弄得亲密关系伴侣头晕眼花、眼冒金星,婚姻中会有很多矛盾。跟这样的伴侣在一起,会过得小心翼翼,家庭氛围紧张、生活得很累,丧失了幸福和快乐,离婚概率上升。

同 类 相 吸

同类相吸,即单亲家庭的男孩特别容易和单亲家庭的女孩在一起,因相投而恋爱,因互相攻击而分手。笔者多年的经验数据表明,单亲家庭的男孩和单亲家庭的女孩在一起恋爱的比例很高,在35%～40%,结婚概率没这么高,为什么会这样呢? 因为他们存在潜意识沟通,在他们的潜意识当中,他们不仅感觉同病相怜,而且还会觉得是志同道合。

特别是在痛骂父亲这一点上,会觉得特别的志同道合,都认为父亲很差,知己的感觉油然而生。这是因为大部分单亲子女是跟着母亲过的,而在中国,大多数母亲会明示暗示地给子女灌输"你父亲不是个东西"的观念,所以两个单亲子女相识的初期阶段,这一点上会越谈越觉得谈得来,他们会觉得惺惺相惜。

笔者做过很多单亲子女之间这种潜意识沟通的实验。比如,笔者曾在大学课堂上做过这样的一个实验:问一单亲男孩,他觉得课堂上哪几个女孩看上去比较顺眼。在他们互相不说话、也不知道对方家里信息的情况下,单亲男孩点出几个女孩说比较顺眼,可能成为女朋友,这几个人挑出来后,一看信息,大部分也是单亲子女,这就是单亲子女之间潜意识沟通的一个现象。

当然,单亲家庭的男孩和女孩在一起,经过一段时间相处后,分开的概率也是非常高的,因为单亲子女是指责型人格的概率大,那么两个单亲子女在一起,刚开始恋爱,能够克制自己的指责倾向,经过一段时间相处后,激情消退,就会开始找对方的缺点,矛盾特别多,特别容易分开。

贬低婚姻价值

部分离婚单亲子女会有一个强烈的概念：离婚也是一种完全可以接受的生活方式，没有什么可怕的，因为我就是这么长大的！

所以，离婚单亲子女对婚姻价值的评价，大大低于社会平均数，那么一旦婚姻中发生冲突，更容易选择离婚来回避冲突，造成离婚单亲家庭子女的离婚率也高。

恐惧婚姻，甚至恐惧恋爱

部分单亲家庭子女，对父母的婚姻有极其糟糕的情绪体验，产生了泛化反应，进而认为所有的婚姻都是这样的。部分单亲家庭子女的这种负面情绪的强度，甚至超过了遗传基因的本能，也就是超过了性欲强度，就会发展成恐婚、惧婚，加入不婚者俱乐部，严重的会恐惧恋爱。

高估配偶出轨的可能性

主要是女性喜欢高估老公出轨的概率，为什么呢？不少离婚单亲子女，其父母离婚的原因是父亲出轨被发现了（其实统计发现男女出轨率是差不多的，但男人易被发现），于是女孩就会倾向于认为天下男人都喜欢出轨，结婚后容易对老公严防死守，高度猜忌，比如高度控制老公金钱、高度控制老公外出时间、不断地要求老公表态、在老公关系人群中布置眼线、追查老公行踪、时时突然查岗……造成夫妻关系紧张，离婚率反而较高。同时，严管老公又造成老公心烦意乱，压力增大，导致男人意识或潜意识"指挥"以出轨的快乐来对冲烦恼，严管老公反而提高了老公出轨概率。

恐 惧 生 育

很多离婚单亲子女觉得来到这个世界，是件悲惨的事，是件痛苦的事，为了避免自己的孩子重蹈覆辙,还是不生为好!或者意识层面认为应该生,潜意识认为不应该生,形成心因性不孕症,这在相关章节中有详细解释。

索 爱 无 度

大部分单亲子女,尤其是早年父母离婚,或者父母一方长期脱离,尤其是父亲长期脱离,单亲子女特容易形成潜意识创伤:缺爱!因为在他们的潜意识中会认为,是自己不够好,不够惹人爱,父母才会分开的,不然,父母为了自己也会在一起,这样的潜意识导致成年后,单亲子女对爱的渴求特别多,而且这种渴求感是非常高的。在婚姻当中,他们会总是觉得对方不爱自己,对对方爱自己没信心,经常会通过各种方式,迫使另一半不断证明是爱自己的,对伴侣爱的需求索取非常高,给对方造成巨大的压迫感和心理压力,造成婚姻的紧张。

另外,这种潜意识缺爱的创伤,在成年后,会不知不觉的、无法自拔的、情不自禁的、持续性的、广泛性的,以各种各样的形式,向异性散发性信号,确认自己是否有吸引力。比如,有的单亲家庭出来的女孩,特别喜欢向异性拧饮料瓶盖、让异性替自己拿包、高频率撩自己头发、说自己孤独寂寞冷、让异性给自己买香蕉玉米火腿肠、装傻或假装单纯、声称热脱衣服、装柔弱几乎摔倒、身体蹭蹭对方等,向周围的异性释放性信号,以引起异性的兴趣。一旦异性对她感兴趣后,她的心理就会有一种满足感、价值感,会认为自己是有价值的、惹人爱的。这并不表示此女孩爱这个男人,其潜意识目的是为了确认价值感。一旦男人示爱,目的达到,该女孩又会索然寡味,潜意识"指挥"她不知不觉地寻求另一个对象去索爱,这种现象常常是不自觉的,多数这类女孩自己都不知道为什么会这么干。当然,单亲家庭出来的男孩也会用男人的方式向周边大放性信号,目的也不是爱对方,仅仅是为了证明自己的价值感。这样向异性大放性信号,自然会引发婚姻关系的高度紧张,成为婚姻冲突的重要原因。

不少父母离婚的单亲家庭子女婚姻是美满的,但婚姻有问题的单亲家庭子女,仔细研读本文章的过程,就是做自我心理咨询,自我进行救赎的过程,最好几个家庭一起,组织学习本书,逐章研读,认真反省,调整自己的观念,可能会有比较好的效果。

第九节　面对出轨，如何打响婚姻保卫战

出轨让婚姻频频亮起红灯

在走进婚姻殿堂那一刻，笔者相信大多数新人对婚姻生活充满向往，对彼此守候一生的承诺也是真诚而坚定的。然而，当激情过后，现实生活趋于平淡，很多婚姻开始亮起红灯，出轨问题也开始成为很多伴侣的梦魇。

在2020年的中国，许多研究机构调查数据显示：考虑到调查时人们会大幅度隐藏出轨事实，中国人一生中出轨一次的概率在50%～70%。不过，真实数字很难确定。

首先，这里把出轨定义如下：婚后和婚姻对象之外的异性保持相对稳定的性关系。在这里，为讨论问题方便，我们限定到色情场所买春不叫出轨。

对于出轨问题，很多人天然第一反应是男人出轨多，女人基本不会出轨，其实这是一个认识误区。许多独立第三方机构调研显示，在出轨问题上男女出轨率比较接近。有男人出轨必有女人配合，所以男女出轨率的数据是接近的。有人说：许多已婚的男人会和未婚的女性出轨，所以应该是男女婚外情数字差异很大。这个说法也是不对的，已婚男性和未婚女性发生稳定性关系，男性必须是特别有钱或者特别有权，否则是很难做到的，大量数据已经证实：无论何种恋爱形式，包括婚后出轨恋爱，都是大体条件互相匹配，如果男人没有钱权优势，婚内出轨对象基本也是婚内女性。

社会上形成出轨男多女少的认识误区主要原因有两方面：一方面，男人和女人对于性的直觉有差异，妻子更容易发现男人出轨，而男人则不容易发现妻子

出轨；另一方面，对于出轨问题妻子发现男人出轨后倾向于到处哭诉，外界很容易传播开来，而男人不容易相信妻子出轨，更不会到处宣扬。

所以，"男人不是个好东西"这个说法是有问题的，其实"男人不是个好东西"等同于"女人也不是个好东西"。

伴侣出轨后，想挽回该如何做

在发现伴侣出轨之后，有人选择放弃，有人选择挽回。本篇重点探讨的问题是当男人出轨后，妻子不想离婚，想要挽回，怎么办？

在给出方案之前，我们先来分析一下多数男人（笔者研究估计在70%）在出轨之后的心理状态：第一，内疚感。多数男人出轨以身体出轨为主，情感出轨为辅。当他们出轨以后，觉得对不住妻子和家庭，心里充满内疚感。第二，男人身处妻子和小三之间，被妻子发现出轨之后，内心焦虑纠结，其理智思维容易被情绪体验所左右。第三，男人对小三持矛盾态度。男人在身体上享受小三带给自己愉悦感的同时，却往往在思想上有所顾虑："小三可明知道我有家室，却和我在一起，思想比较开放，也可能和其他男人发生性关系。"

在分析了男人出轨之后的心理状态之后，我们就能清晰地梳理出当妻子面对男人出轨想要挽回时，常见的处理误区以及正确的应对方法。

常见的处理误区有以下三个。

误区一：妻子大吵大闹。

这个误区是大多数妻子发现男人出轨后的反应。在发现男人出轨之后，妻子往往很难控制自己情绪，摆出"一哭二闹三上吊"的架势，到处哭诉宣扬男人出轨行为，伸张"正义"。这样做大错特错：首先，表面看是妻子出了一口恶气，实质上却因为让男人承受了打骂，使得男人原本心理的内疚感减轻或消失了，这样的话，男人离开妻子内心压力感就会降低很多；其次，妻子大吵大闹带给男人的是激烈的负面情绪体验，如上文所述，负面的情绪体验更容易把男人推向小三那一方。

很多妻子之所以误会大吵大闹有效，是因为吵闹一番以后，发现很多男人老实了，口头上保证不和小三往来了，但大量的统计数字证实：妻子大吵大闹，男人更加厌烦老婆,表面老实,内心深处和小三感情更深了,做妻子的千万不能追求表面现象。

误区二:妻子表现得很淡然,当做什么都没发生。

另外一个误区是妻子发现男人出轨之后,为了挽回婚姻,忍气吞声,当做什么都没发生过。这样做表面看是原谅了男人,但其实给男人两个错误信号:要么男人认为妻子对自己根本不在乎,即便自己出轨了她都不管不问,看来对自己根本不放在心上;要么男人会认为自己的妻子是个"软柿子",妻子的忍气吞声在出轨这件事上给了男人正向强化,男人出轨尝到了甜头,激励了男人出轨的积极性。

误区三:妻子严控男人的外出时间和金钱。

许多妻子认为:严控男人的外出时间是有效的。笔者成书时是53岁,时间是2020年,我遇到过许多出轨的案例,大量的经验告诉我,除非不允许男人工作,否则对于防止出轨是没有用的,没有管理好男人的心,只是管理男人的外出时间和金钱,只要男人有工作,总是有办法出轨的,男人在出轨方面,其创新力和智慧是无穷的。比如,有男人宣称有一个失踪的双胞胎兄弟,预备老婆抓到自己出轨时辩解。又比如,有男人专门弄来了开会的背景录音,或者飞机场的背景录音,或者坐列车的背景录音,男人和老婆打电话时,配合这些录音,哄骗老婆的效果是极好的。

那么,当妻子面对男人出轨时想要挽回的话,怎样做才是正确的呢?笔者给出几个核心要点,包括利用和放大男人的内疚感、二元表态、暗示效果大于明示等。具体来说有如下六项原则。

原则一:刺激、利用、放大男人的内疚感,二元相对平衡表态。

比如说在出轨后,男人晚上要出去和小三约会,借口是和同学聚会。女人正确的做法不是直接拦着男人不让其出门,而是默默地流着眼泪说:"你去吧,你开心最重要。不过,今天好像降温了,记得穿上我今年刚给你买的那件毛衣(或者记得带上雨伞)。"在送上雨伞或者毛衣的同时,要配上一副悲痛欲绝的表情。

如果男人想离婚,女人正确的做法不是大吵大闹,而是对男人说:"如果对方对你好,体贴你,关心你,我愿意让路,你幸福最重要。我还是爱你的,我讲这个话其实万箭穿心。"说完还要流下伤心的泪水，人就像被雷劈中一样傻了，说话走路也有一点木讷了，但还是坚持给老公烧晚饭，吃的时候只吃一点点，既不能吃得正常，这样老公没有压力，又不能一点不吃，这样老公压力太大，烦恼多，容易找小三寻快活对冲烦恼。总之，要让男人内疚，又要恰到好处。

适当做好吃的饭菜，最好是做那些两人当年恋爱高峰期时喜欢一起吃的饭菜。这些饭菜会勾起男人当年的美好回忆和如今当下的内疚感。

仍旧要将家里每天打扫得窗明几净，并且在房间醒目位置摆上那些双方曾经在感情蜜月期互送的礼物。这些物品同样会勾起男人当年的美好回忆和当下的内疚感，当然最重要的是把家里打扫得窗明几净。

适度展现身体欠佳是有必要的，包括失眠、家里散播着淡淡的熬中药的气味，偶尔打120急救电话去医院，都是可以的，但是次数要少，牢记目的是放大男人的内疚，而不是让男人痛苦，不是让男人受到惩罚。再次提醒：次数太多了，男人压力太大，烦恼太多，反而会加深男人去找小三寻欢作乐的动机。要掌握好分寸感。

原则二：原配一定要显得比小三更无私，更加真正爱对方。

一般而言，多数小三是希望男人离婚的，原配绝对不可以拒绝离婚，而是要表态同意离婚，理由大体是（请转换成你常用的家庭语言但实质内容不变）："我是真正爱你的，爱你就要为了你的幸福着想，你的幸福是最重要的，为了你的幸福，我同意离婚。"这样，男人就会感觉到，原配比小三更加通情达理，更加可靠，更加爱他！但这样表态，优点是显得比小三更加无私，缺点是老公立刻要办理离婚就比较麻烦，因此又要使用二元相对平衡对冲运作，表示离婚是非常痛苦的，是万箭穿心的，需要一个适应期，让自己缓慢过渡。

实际上，这个适应期的长短完全在于女性的调配，在这个过程当中一定要反复强调：因为我是真正爱你，男方幸福最重要。

原则三：建设女人的自信与魅力。

男人出轨的原因有很多种，其中有一条是男人觉得自己妻子不再有魅力了。当然，男人的这个观点既可能是为自己出轨寻找的一个理由，也有很大概率是女人在结婚后不太注意自己的外在形象、内在气质。在男人面临妻子和小三的选择过程中,如果女人能够更加注意建设自己的自信与魅力,在与小三的竞争中胜出,重新俘获男人的心,也是挽回婚姻的一个重要方法。去烫个头发,减下肥,学会化妆,参加培训班学习企业管理知识,锻炼身体重获朝气,这些都是必要的。

这里特别要强调的是:

首先要减肥,一胖毁所有!

再重复三遍重点:

一胖毁所有!

一胖毁所有!

一胖毁所有!

其次,女性要加强学习,跟上男性前进的步伐。

原则四:二元相对平衡运作,既表现出温婉动人、关心体贴,又找准男人的痛点强力刺激。

笔者在学术研究中的一个重要成果为二元平衡哲学思想,该思想可广泛应用于现实生活中复杂问题的处理。对于女人想要挽回出轨男人的问题,同样可以运用二元平衡哲学思想来处理。

具体来说,一方面女人表现出温婉动人、关心体贴的一面以期重新俘获男人的心;另一方面可以主动出击,找准男人痛点,强力刺激,使得男人放弃与小三进一步发展的想法,重新回归家庭。比如说,如果男人比较爱财,可以明示或者暗示男人如果离婚,婚内出轨方将会少分家庭财产,甚至净身出户;如果说男人在政府部门、国企或事业单位担任管理职位,比较看重名声和前途,那么女人可以明示或者暗示男人如果出轨这件事传出去,很可能影响男人的仕途发展;如果男人比较看重孩子,可以明示或者暗示男人如果离婚,孩子在成长过程中心理健康会受极大影响,甚至会产生严重的心理疾病及心身疾病,而且请对方想象,这个孩子以后可能叫另外一个男人"爹",体验一下这种感觉。

值得注意的是,女人利用二元平衡思想,在找男人痛点的同时一定要展现温婉的一面,表达出想要男人重新回归和好的想法,两者予以平衡。此外,要注意暗示比明示效果好,因为暗示更容易越过人的意识层面,进入人的潜意识。

原则五：女性应该在男性亲朋好友的小圈子中公开此事，一般应把知道此事的人控制在5～10人，但绝对不可以到男人工作单位闹事。

有的女性认为家丑不可外扬，于是对男性的亲友保密出轨之事。如果你想保卫婚姻，让男性亲友知道此事是必要的，主要是让男性的爸爸、妈妈、姐姐、阿姨、姑姑等知道此事，让他们来规劝男性迷途知返。主要是让男性亲友中的女性来规劝，一般女性比较讨厌男性主动离婚，在中国文化暗示中，男人抛弃女性是男人的罪恶，专门有一个罪人名叫"陈世美"。女人抛弃男人，则是男人的无能，所以多数女性对男人主动提出离婚持强烈的批评态度，但是多数女性对女性主动提出离婚，则还是希望男人多多反省自己的过失，仍旧是以批评男性为主。总之，无论是男人提离婚还是女人提离婚，社会主流文化都认为是男人的错，这个现象是中国社会文化暗示的结果。总之，"男人不是好东西"这种现象对错不论，却是不可忽视的存在。

如果想请男方的男性亲友来劝阻离婚，除男性父亲外，要仔细甄别，要非常小心。比如，请男方的表哥来劝和，表哥常常不是批评男性婚外情的错误，而是指责男方骗老婆的功夫不到家：怎么搞的嘛，这种事情怎么弄得老婆知道了，水平太次了嘛！比如你大哥我……当然，假如男方表哥是位教政治的中学老师，请他来劝和，大概率是没问题的。

原则六：努力拖过男人出轨激情期，男人自然回归。

之前我们分析过，多数男人（70%左右）出轨以身体出轨为主，在小三身上未必投入真感情。男人在与小三的激情期内，头脑比较发热，与小三之间的愉悦感会冲昏他的理性思维。女人如果在这个时候采取过于强硬的手段，会把男人赶跑，效果反而不好，所以可以采取暂时搁置男人出轨问题的方法。等男人与小三的激情期过了之后，他的理性思维重新占主导地位，多半会考虑婚姻的很多现实基础，会选择重归家庭。

在实际案例中，小三上位成功的概率其实是很低的，在20%左右，而且小三上位，多半是由于原配处置方法和目标违背，给小三提供了上位的机会。重要的事再次重复提醒：原配过高强度、长时间、高频率的大吵大闹，提升了老公去小三处的动机强度，导致男人与小三的感情更加好了。

有的女人说：我为什么要委曲求全，他应该对我点头哈腰才对！我当然要大吵大闹！

　　如果不想保卫婚姻，没有必要委曲求全，完全可以大吵大闹，一抒情志，大大地出一口恶气！笔者并没有认为女性必须保卫婚姻，如果两人在一起非常痛苦，离婚当然也是可以的。本节讨论的假设前提是女性想保卫婚姻，所以才有了以上这些建议。

第十节　人类婚姻制度简史及未来发展趋势

一夫一妻婚姻制度遭挑战

一夫一妻制是现代婚姻制度的主流，人们普遍认为一夫一妻制是毋庸置疑、天经地义的。一夫一妻制，就是认为婚姻是一个男人和一个女人的结合，"执子之手，与子偕老"是婚姻最美的誓言。

然而，截至2019年5月21日，全球已经有30个国家和部分地区、海外领地立法承认同性婚姻，婚姻不再局限于男人和女人的结合，婚姻可以是一个男人和另一个男人的山盟海誓，也可以是一个女人和另一个女人的长相厮守。在欧美国家，甚至有人表示对人类不感兴趣，他想跟动物结婚；还有人对自己家的书桌产生了真挚的感情，声称要与一张桌子结婚！

当今主流意义上，结婚与同居最大的区别是：结婚表示在法律上两人的财务视为一体，无论谁赚的每一分钱，两人均有一半，债务共同承担；同居就是财务独立，还有一些次要区别，各国稍有不同。

俗话说，大千世界，无奇不有，每个人对婚姻的需求是不同的，运用"人本主义"的哲学思想来看，主流学术界认为，同性恋或者双性恋是基因性的，一个人生来就是同性恋，那么他对同性的喜爱并不是错的或者并不是不道德的，天生的欲望就是合理的，同性婚姻合法化的社会需求的满足程度更高，所以同性婚姻是符合"人本主义"哲学的。

人类婚姻制度简史

如果你对同性婚姻感到难以接受，那么请先看看人类婚姻制度的发展历程，看完之后你会发现，同性婚姻并不稀奇。

人类婚姻制度的发展，各流派说法不一，笔者大概把它分为五个阶段。

第一阶段：原始群婚制。

原始群婚是人类祖先最早进行的一种两性关系。人类祖先风餐露宿，群居共生，男女之间、男男之间、女女之间的交往没有任何约束和规定，甚至兄弟姐妹之间，长辈与儿孙之间都可以随时随地发生性关系，这其实就是当今社会所说的"乱伦"。这种在现代人看来不堪入目的行为，在当时那个时代却是最正常不过的事情。

第二阶段：血缘婚姻制。

随着人类文明的发展，人们开始意识到，血缘家族中父母辈和子女之间是不能够通婚的，但是兄弟姐妹之间没有限制，由此构成了血缘婚姻。

这种婚姻的典型式样是：一群兄弟与一群姐妹之间互为共夫或共妻，生下来的孩子为集体共有，由集体抚养长大，孩子一般是只认识母亲，不认识父亲。

血缘婚姻时代，男人有多个妻子，女人有多个丈夫。看到这儿，估计又有不少读者会感到晴空霹雳，心灵受到了重创。其实，血缘婚姻和血缘家庭的出现是人类婚姻形态的一大进步。

第三阶段：族外婚制。

血缘婚姻持续一段时间以后，聪明的人类又发现，近亲结婚诞下的孩子问题多，于是开始实行某一氏族的男子同另一氏族的女子互相通婚，这种婚姻关系就叫做族外婚姻，或称为亚血缘婚，又称为伙婚，此种婚姻与血缘婚姻的最大区别就是族外婚姻禁止近亲结婚。

族外婚姻的最大特点是兄弟可以共妻，姐妹可以共夫，但这个"妻"或者"夫"必须是外族人员。亚血缘婚避免了近亲结婚的不良后果，对于提高人口数量和质量意义重大。

第四阶段：对偶婚制。

对偶婚制是一男一女之间的不稳定的婚姻结合，即一个男子在许多妻子中有一个比较固定的"主妻"，一个女子在许多丈夫中有一个比较固定的"主夫"。对偶婚制是建立在母系社会基础上的，社会以女性为主导，男子从妇而居，所生子女属于女方所在的氏族，它是氏族公社时期的主要婚姻方式。

直至今日，还有地方保留着对偶婚制，比如中国云南的少数民族——摩梭族"走婚制"就是对偶婚制的一种表现形式。走婚是一种夜合晨离的婚姻关系，男女双方不结婚，只有在晚上男方可以夜爬窗户进到女方家居住，趁天没亮男方就要回到自己家中，各自生活，而他们生的孩子属于女方，采用母亲的姓氏，由母亲和舅舅共同抚养，男方一般不承担抚养责任。

第五阶段：专偶婚制。

专偶婚制是指专一的配偶，就是一夫一妻制。这种婚姻制度最初的产生，是以父权制完全取代母权制，以及生产资料的私有制为基础的。专偶婚本质上是一个男性和其他男性的契约：这个女人归我了，你们不许碰！在农耕时代，男性因体力优势占据经济主导地位，女子处于从属地位。男性的财产只能由男性的亲生子女继承，因此作为妻子必须严格保持贞操和对丈夫的绝对服从，否则男性无法确保孩子是亲生的。

专偶制最早出现在古代的埃及和古代的欧洲。古代埃及，表面上实行的是"一夫一妻制"，但在古王国和中王国时期，一些有钱有权的埃及男人一样可以娶多个妻子。

中国古代所盛行的一夫一妻制，名义上是一夫一妻，实际上是一夫一妻多妾制，也就是一夫多妻制。所谓的一夫一妻仅仅是对女性的限制，为了确保孩子是丈夫亲生的，女性不可以嫁给多个男性，但男性可以通过纳妾实现一夫多妻。这一婚姻制度持续了很长一段时间。1912年，即民国元年，《中华民国临时约法》中明文规定实行一夫一妻制，但由于各种历史原因，直至1950年5月1日颁行《中华人民共和国婚姻法》，我国才真正彻底废除一夫多妻制。

纵观历史，你会发现，真正的一夫一妻制仅仅是近百年的产物，是人类漫漫历史长河中的一瞬间。假如把人类历史的演化比喻成一天24小时的流逝，那么一夫一妻制就好比今天晚上11点59分至12点0分之间的短短大约一分钟，也就是一会儿的事情,至于下面会发生什么,谁也无法预料。一夫一妻制到底能持续多久呢? 这是个未知数。

其实,在哺乳动物界一夫一妻制只占3%~5%(随着科研进步,数据可能发生变化)。基因传承几乎是所有动物的本能,对多数哺乳动物而言,雄性动物需要与更多雌性动物交配才能更大概率地让自己的基因传承下去,而雌性动物需要与强大的雄性交配,这样其后代能得到更多的食物,存活率更高,基因才得以传承。

所以,无论是纵观历史,还是放眼世界,一夫一妻制都可能只是一个小小的插曲,可能在不久的将来会被更新的婚姻制度取代。

未来的婚姻制度趋势

人类社会的发展有很多的偶然性,未来是很难预测的,但我们可以谈谈目前三种也许你觉得匪夷所思的现象。

第一种趋势: 不婚制。

前面我们提到了,一夫一妻制的产生是以生产资料私有制为基础的,在农耕时代,男性是生产活动的主力,家庭财产主要来自男性,女性在家庭中没有财产分配权,"男主外,女主内"的思想深入人心,女性社会地位比较低。

之后人类步入工业时代,女性开始崭露头角,参与社会化的生产活动,取得了一定的经济独立。婚姻制度也从一夫多妻走到一夫一妻,这是男女社会地位趋向平等的标志,同时也意味着男女双方拥有更平等的家庭财产分配权。

如今信息时代来了,体力在经济活动中的重要性大幅度下降,也就是说,男性的体能优势被大幅度削弱,女性的脑力本质上与男性差异不大,甚至在某些领域,女性因天生的直觉性强、敏感度高反而更具优势。所以,越来越多的企业雇佣女性高管,女性完全可以自力更生,无须依附于男性生活。结婚已经不再是为了生存、为了养孩子,因为钱可以自己赚,孩子可以做试管婴儿,结婚更多的是一种选择: 我高兴就结,不高兴就不结。

近些年,全球的结婚率普遍在下降,这种情况在发达国家尤为明显。有数据统计,日本30~34岁男青年未婚率达47.1%,女青年则为32%;法国每三户就有一户是单身；德国柏林独身人口达到54%；而在瑞典首都斯德哥尔摩，这一比例竟然高达60%……虽然这些数据每年会有变化，但结婚率下降已成为全球趋势。

不结婚，自然就没有所谓的婚外情，也没有那么多痴男怨女为婚姻感到困扰，更不用承担离婚带来的经济损失和精神伤害。当然，不婚主义可能伴随着孩子抚养和社会稳定问题，是不是人类最佳的选择，难以判断。

第二种趋势：开放式婚姻。

开放式婚姻就是夫妻双方不互相干涉彼此的性生活，他们允许并接纳对方除自己之外，还存在其他一个或多个性伴侣，他们甚至会和彼此分享与性伴侣交往的细节和感受。

中国文化的特点，就是公开场合高举道德大旗，私下行为相差十万八千里。事实上，中国存在大量的开放婚姻只是隐藏在地下，大家各自找乐子，互不干涉，和睦相处，数量之多远超大家想象。笔者之所以知道，是因为从事心理行业，很多人因为此事得了抑郁症，因为它需要强大的心理承受力。

这种特殊的婚姻关系之所以产生，是因为人的需求是多样且变化的，比如女人通常喜欢个子高、长得帅、会赚钱、智商高、能力强、有才华的男人，还喜欢懂浪漫、高品位、很专情、甜言蜜语、体贴入微的男人，最好这个男人还能呼之即来，挥之即去，永远陪伴在自己身边。可是，世界上有如此完美的男人吗？此人唯有天上有，人间难得几回闻。这么多优点，集中在一个人身上，概率接近于零，何况这些优点本身就有矛盾之处。比如，一个智商高、能力强、会赚钱的男人，他可能有充足的时间陪伴女人吗？他大概率是很忙的，更不可能被你呼之即来，挥之即去。再比如，一个懂浪漫、高品位、擅长甜言蜜语、时不时给你惊喜的男人，他能专情于你吗？可能会，但概率极低，因为如果他专情于某个人，那么他的甜言蜜语功夫是怎么训练出来的？大概率是身经百战的结果……

女人对男人的需求太多，且随着年龄增长还会改变。所以，无论你怎么精挑细选，最终结婚的男人绝不可能满足你种类繁多且变化多端的需求，往往丈夫只能满足妻子部分需求，而不是全部，那么妻子未被满足的需求如何处理？有两种方案，第一种是压抑自己，第二种是在丈夫之外寻求满足，也就是婚外情。社会暗示婚外情是可耻的，所以正在经历婚外情的人常常感到自责、痛苦、进退两难，开放式婚姻的出现使得内疚感大幅度消失,痛苦也就减轻了,大家都扯平了。

开放式婚姻显然不符合2020年的道德,也是一般人学不来的,心理承受力不够,但你不能否认现实是存在的。

第三种趋势:现代群婚制。

现代群婚制,就是多夫多妻制,和开放式婚姻不同之处是,多夫多妻制是在法律上财产共为一体,每个人赚的钱都是大家的钱,每个人负的债都是大家的债。财产共为一体,这和一夫一妻制一样。比如,一个男人同时喜欢两个女人,在征得两位女友同意的情况下,三个人可以组成家庭,共同生活,那么法律上宣布他们的财产与债务共享。如果这时候恰巧当中一位女友喜欢上另外一个男人,那么在四人都允许的情况下,可以把这位男人也请进门,组成四人大家庭,生的孩子大家一起抚养长大。以此类推,还可以再增加第五个人、第六个人……上不封顶。

看到这儿,可能有人觉得这是天方夜谭。实际上,近些年西方国家已经出现了群婚制和开放式婚姻合法化的趋势。比如,加拿大经常有人闹游行,要求法律上实行群婚制,加拿大正在研究"群婚"的合法化,就像几十年前同性恋游行,要求结婚,闹了几十年,世界就接纳了,这种例子是很多的。所以,现在觉得天方夜谭的事,几十年后天知道会怎么样,说不定在遥远的将来,一个孩子回到家里,要同时喊几位男人和几位女人为"爸爸妈妈"……至于开放式婚姻合法化,在许多国家,法律不断修改,已达到临界合法状态了。

以上提到的各种各样的婚姻制度,并不表示笔者支持那种婚姻制度会有未来,这很难做出预测,只是在陈述一些事实,希望读者获取这些信息以后,可以开阔眼界,放大视角,柔化观念,减少执念。请读者千万注意:许多你认为天经地义的事情,并不一定是天经地义的,只是你看着比较熟悉,如果历史知识足够丰富,许多你认为天经地义的事情,其实只是历史发展中的一刹那,不必拘泥于那么多你认为的对和错。百年之后,我们的后代,看我们也会觉得很奇怪的。

第四章 老年心理学

导言:

    本章主要是帮助老年人调整心态,建设一个幸福的晚年。

第一节　老年人心理特征

长寿成为主要需求

一个人从呱呱坠地那一刻开始，到生老病死结束，他一生中所追求的东西是纷繁复杂的。人在不同时期的需求可以概括起来为：年轻时求美，中年时求钱，老年时求寿。老人最关心的是能否长寿，能否身体健康，这是一种来自基因的本能需求，并以此为中心，衍生出许多次生需求。这个心理需求是非常明显的，也很好理解，笔者不做赘述。

被他人需要成为重要的需求

在任何年龄段，被他人需要都是个体的需求，但在老人群体中，这个需求特别突出，严重影响老人的情绪。

现代生理学和心理学研究证明，人在精神愉快的时候，体内可以分泌出一些有益于人体健康的激素、酶和乙酰胆碱，能使血液的流量、神经细胞的兴奋性调节到最佳状态，可以提高全身的免疫功能。良好的精神状态有助于调动身体内在的积极因素，抗御疾病的发生和发展，延长人的寿命。所以，老年人保持乐观的态度是有助于长寿的。

当然，随着科技的进步，人的寿命已经大大延长了，但是生老病死是自然规律，无可避免。从整个物种的延续角度来看，人如果可以拥有无限的寿命，那必然导致人类食物匮乏，最终导致整个物种的灭绝。随着人逐步地进入老年阶段，人类基因"指挥"身体的功能逐步退化更加显露出来,尤其是,当老年人不工作后,潜意识就会认为个体对于社会是无价值的,身体机能退化的速度就会加快,日本、中国香港等地区的人寿命普遍较长,一个重要原因就是他们的法定退休年龄延长,很多人退休以后都返岗继续工作,他们的潜意识认为自己仍然是在为社会创造价值,是被社会需要的,所以身体机能退化的速度减慢。因此,适度做一些有价值的事情是有助于延长寿命的。

另外,潜意识认为自己不被亲近的人需要也会加速身体机能的衰退。

严重无价值感

老年人第二个常见的心理特点就是无价值感严重,导致无价值感的因素主要有以下三个。

第一,收入下降或者退休。在中国,绝大多数人的价值观是比较单一的,而且主要是金钱价值观。随着年龄的增大,老人的工作效率降低,绝大多数的公司给予老人的工资都是下降的,而老人的潜意识就会觉得是自己的能力不足导致收入的下降。特别是对于刚刚退休的老年人,这种收入的落差更加明显,他们的无价值感也更加严重。

第二,影响力下降。老年人影响力下降的主要原因是,现代社会信息更迭速度快,他们已经很难跟上时代变化的步伐了,所以掌握的信息远不如年轻人。此外,随着年龄的增长,许多公司的重要岗位都逐步从老年人转移给年轻人,岗位赋予老年人的影响力也进一步被削夺,这一点在很多退休老人身上表现得也更为明显。再有,在家庭中,随着年轻人的独立性逐渐增加,他们的自主意识越来越强,而老年人的很多想法和做法与年轻人的差异越来越大,老年人影响力也越来越小。

第三,对子女控制权的丧失和减弱。随着子女工作的独立,他们都有了自己的收入来源,他们不再依靠父母提供经济支持,子女对于父母的依赖心理逐渐地下降,而且很多子女反过来逐步成了父母的经济支持来源,父母的控制权逐步向子女转移。另外,当子女年纪还小的时候,子女如果不听话,有的父母通过打骂来调控子女的行为,而当子女逐渐长大,这些老年人的身体机能退化，已经打不动子女了，子女的畏惧心理也淡化了，老年人对子女的控制能力也降低了。

安全感下降

马斯洛在他的需求层次理论中将人的需求概括地分为五个层次，依次是生理的需要、安全上的需要、爱和归属的需要、尊重的需要和自我实现的需要。马斯洛指出：当生理需要被大部分满足后，第二层次的需要就出现了。安全感主要可以分为确定感和可控感，当人们对于某些事情有确定感和可控感的时候，就会产生强烈的安全感；当一件事情发生，没有确定感和可控感的时候，人的内心就会有安全感的匮乏。导致老年人安全感下降的主要因素有以下四个。

第一，生理机能下降。人类的感觉和知觉能力依赖于人体感觉器官的生理结构，随着年龄的增长，老年人的感觉器官的生理结构会发生退行性变化，到了五六十岁以后，视觉、听觉、味觉、嗅觉和皮肤感觉都开始退化，所以对于外界的信息和变化的感知能力都开始下降，他们对于外界事物的确定感下降，他们的安全感也开始下降。而且，随着年龄的增长，老年人身体的其他机能也开始下降，许多原本年轻时可以做的事情，现在做起来也变得吃力甚至做不动了，他们不仅对外界事物的可控感开始下降，而且对于自己身体的可控感也开始下降了，安全感进一步降低。

第二，影响力下降。安全感有一个重要的来源就是社会关系的支持。随着年龄的增加，绝大多数老年人的影响力开始下降，老年人从社会关系中获得的支持力量也随之下降，安全感降低。

第三，收入及资产减少。钱是可以带来安全感的，其中一个表现形式就是可控感。钱减少以后，老年人对于风险的抵御能力开始下降，对变化的可控感随之下降，他们的安全感自然下降。

第四，亲密人群离世。亲密人群的离世一方面会导致老年人的社会支持系统力量下降，另一方面也会导致老年人对于死亡的不可控感加深，从而导致他们的安全感降低。

人际关系倾向增强

老年人特别注重搞好人际关系,他们的潜意识心理是希望通过这种紧密的人际关系来获得社会支持,从而增强他们的安全感,因此老年人注重人际关系的倾向增强其实是他们缺乏安全感的表现。因此,在很多公司里的退休返聘人员中,老好人的比例特别高,而且老年人的斗争性也普遍降低,这其实主要是因为他们安全感下降,导致良好人际关系倾向增强。

容 易 上 当

社会调查数据显示,老年人被骗的比例远高于其在整个社会人群中的占比。有的读者会问:老年人社会经验相比其他年龄段的人更丰富,他们不是更容易识别骗子吗?从心理学研究的数据发现:老年人被骗主要是因为他们人际关系导向过强,老年人潜意识中更希望整天都有人扎堆陪伴,他们朦胧地觉得可以从聚集的人群中获得亲密的人际关系,进而获取社会支持,提高安全感。因此,即使老年人察觉到有违常理的信息,他们的潜意识也会不知不觉地忽略这些信息,防骗的意识被削弱了。

社会调查数据发现,很多老年人都会买许多极贵的保健品,这是因为这些保健品的销售员整天叔叔、阿姨、爷爷、奶奶亲切地称呼,让老年人误以为这些销售员真的把自己当作亲人了,他们又不想去破坏这种貌似亲近的关系,最后,他们买了一大堆自己并不需要的、非常贵的保健品。

喜欢回顾过去,夸大功绩

老年人经常在亲近的人群中去宣传自己年轻时的丰功伟绩,而且这些丰功伟绩往往是被夸大的,这种心理的本质是弥补自己的无价值感的一种特殊形式。子女要理解老年人的这种心理,在倾听他们诉说时一定要有耐心,即使老人是重复地说了很多遍也要坚持听下去。

在意子女对其能力的看法

和国外重视开心的文化不同,中国文化特别重视吃,也特别重视和吃相关的东西,所以平时中国父母给小孩打电话常见的内容就是多吃点,吃好点,保重身体之类的话,因此烧好饭好菜自然而然地成了老年人的重要价值感来源。所以,子女如有时间要尽量多陪父母吃饭,而且要多夸父母饭菜烧得好吃,特别注意要多使用暗示性的夸赞方法。

如果老年人愿意带孩子,那么带孩子也是重要的价值感来源。如果否定老年人带孩子的作用,会严重损害老年人的价值感,而且孩子是老年人基因延续的媒介,否定老年人带孩子也等于削弱了他们延续生命的可能。当然,如果老年人不愿意带孩子,自然没这个问题。

做饭和带孩子,这两条是老年人的主要价值感来源,所以子女千万不能轻易去否定。

第二节　老年人家庭生活的误区

闹婆媳矛盾或翁婿矛盾

老年人在家庭生活中的第一大误区为婆媳矛盾或翁婿矛盾，其中尤以婆媳矛盾最为常见。很多人将婆媳矛盾或翁婿矛盾的原因简单地归为"性格不合""话不投机""代沟问题"等，却不知这些都是表面现象。隐藏在矛盾背后的真正原因是婆婆（丈人）对家庭主权的宣示，对自己儿子（女儿）爱的争夺。在生活中我们也经常听到婆婆们向外倾诉"儿子娶了媳妇忘了娘"，也会听到丈人们抱怨"嫁出去的女儿如泼出去的水"，这些都在表达老年人在争夺儿子（女儿）的爱失败后的酸楚。

对于现代家庭来说，家庭生活结构一般以小家庭为主，即子女成年后会离开父母与配偶生活在一起。但是，很多老年人仍然希望与成年后的子女生活在一起，并且生活在一起之后，出于对家庭主权的宣示，无可避免地会与儿媳妇（女婿）争夺对儿子（女儿）的爱。

以婆媳矛盾为例，作为儿子和丈夫的男子，一边是自己的生母，另一边是自己的结发妻子，两边都是自己的最爱，哪边都不愿伤害，于是被母亲和妻子夹在中间，没有解决之道，最为痛苦。遗憾的是，很多母亲和妻子却没有意识到这一点，她们天真地认为男人有能力处理婆媳矛盾，也天然地应该站在自己这一边。殊不知他根本没有能力解决婆媳矛盾问题，也无法在母亲和妻子之中做出必然选择。这样长久下去，会搅得小家庭鸡犬不宁，导致婚姻破裂，甚至会导致儿子承受不了痛苦出现抑郁等心理疾病，乃至自杀的情况。

讳疾忌医

老年人在家庭生活中的第二大误区为忽视定期身体检查，或者在检查出疾病之后讳疾忌医，自己给自己当医生。比如，很多老年人不愿意体检，他们的口头禅经常是："我全身不痛也不痒，干吗浪费这个冤枉钱去体检？"也有很多老年人在体检之后，看着检查报告上一些确诊或者疑似的疾病，讳疾忌医，会鄙夷地说："这个检查的结果不准，我身上没感觉，怎么会有这个病？"还有很多老年人拿着检查报告，会轻描淡写地说："这个病简单，不用治，我去药房买点某某药吃一点就好了。"

在老年人这些现象的背后，主要有这么几个原因：首先，是这些老年人潜意识里在回避体检，担心会检查出不好的结果；其次，即便检查结果显示有确诊或疑似疾病，老年人也因为在潜意识里想回避不好的结果，不愿相信检查结果，于是自我欺骗，认为检查结果不准确或者轻描淡写地自我开药治疗；最后，很多老年人经历过贫穷时代，潜意识安全感不足，不愿意在检查预防上花钱，也不想在还没有外显症状的疾病上花钱，导致他们回避体检，讳疾忌医。

老年人的这个误区很可能造成严重的后果。老年人身体机能本来就弱，是各种疾病的高发人群，如果没有及时体检，治病于早期，等到疾病严重了再去治疗，会延误治疗时机。这个时候不光自己病重痛苦，还会给家人增添更多心理及经济负担，严重的甚至可能导致自己病情加速恶化。

世界各长寿国家经验显示：医疗费主要用在预防与体检上，才是长寿的关键，许多中国老年人都有重治疗轻体检的习惯，这是非常错误的。

过度干涉子女婚恋

对子女婚恋问题过度干涉也是老年人常见的误区之一。老年人常见的干预子女婚恋方式有：第一，催婚，以各种明示或者暗示方式催促子女尽快找对象结婚；第二，逼婚，委托七大姑八大姨为子女介绍对象，然后逼着子女相亲，自己觉得合适就逼着子女结婚；第三，否婚，对于子女潜在的目标婚恋对象予以否定，并且以各种方式阻挠；第四，毁婚，有的老年人知道，干预婚姻是违法的，于是结婚前并没有阻挠，但结婚后制造各种事端，大闹家庭矛盾，实际上是阻挠结婚心理的变相体现。

为什么老年人对子女婚姻干涉的现象在现代社会愈演愈烈呢？笔者认为主要有如下四个原因：第一，很多老年人干涉子女婚姻的重要原因在于自己本身控制欲太强，甚至为控制型人格，干预子女婚姻只是其控制欲在子女身上的一种展现形式；第二，很多老年人封建遗留思想浓重，没有人权观，没有意识到每个人都有权利选择自己的生活方式，世界上并不存在统一的生活方式；第三，很多老年人不知道子女大龄不结婚，绝大部分是基因突变型同性恋，逼迫他们和异性结婚，会使子女痛苦不堪，而且会毁掉和你子女结婚者的幸福，这是非常不道德的；第四，很多老年人思想深处有这样的封建糟粕，即子女是我的附属品，我有权决定子女的一切，这种想法不但是过时的，而且是违法的。

老年人干涉子女婚姻虽多，效果却不明显，甚至出现相反的结果。比如，很多子女因为父母的催婚，回家次数越来越少，与父母沟通越来越少，关系越来越差；有的子女为了应付父母逼婚，上演"租男友（女友）"大戏；还有些子女因为目标婚恋对象被否定而与父母绝交，甚至出现自杀等极端情况。

非理性大量购买保健品

这个误区在老年人群体中非常普遍。我们很多人对家里长辈抽屉里五花八门的保健品并不陌生，也常见他们摆在床前椅后的各种"万能理疗仪"。为什么老年人这么热衷于购买这些保健品呢？笔者认为主要有以下三个原因：第一，社交需求。很多老年人退休之后生活空虚，子女又多数忙于事业不在身边，各家保健品机构组织的体验式销售活动满足了老年人的社交需求。保健品不再是单纯的一件商品，而是承载了老年人彼此交流话题和社交需求的载体。第二，潜意识回避疾病及正规治疗。多数老年人伴有一种或几种慢性疾病，他们不愿去正规医院寻求治疗，却购买各种保健品来进行所谓的无副作用疗法，本质是在潜意识层面回避疾病，进行自我欺骗。第三，群体非理性。保健品机构往往会组织很多老年人聚在一起，在现场以各种方式烘托大家的购买热情。在群体非理性驱使下,很多老年人糊里糊涂就购买了很多保健品。

购买各种保健品对老年人的伤害不止于老年人花很多冤枉钱,更严重的是会让老年人一直进行自我欺骗,导致他们的很多疾病错过最佳治疗时机,身体状况恶化。

保健品之所以不能称为药品,就是因为效果不如药品好,所以拿不到药品批号。

非理性投资非正规理财产品

非理性投资各种非正规理财产品也是老年人群体常见的误区。"某某老年人将毕生积蓄购买某某理财,血本无归"之类的报道常见于报端,国家各部门及各家正规金融机构也在各种场合大力宣传非正规理财的风险。既然如此,为什么还有这么多老年人前仆后继地去购买那些非正规理财而损失惨重呢?

第一,心理学有个定律:稀缺性心态,导致智商下降。就是特别想获得某样东西,容易智商下降。因为对金钱抱有稀缺性心态,所以就会特别希望发财,继而导致智商下降,购买很多非正规理财产品,想实现迅速轻松发财的梦想。第二,这些老年人在退休之后内心价值感较低,想要通过购买比别人收益高的理财产品进行自我证明。第三,形象化思维。很多老年人以形象化思维为主,缺乏逻辑性,容易被这些非正规理财机构所利用。这些理财机构往往在城市核心商务区租赁豪华办公场所,聘请名人担任公司推广大使,举办规模盛大的理财推介酒会,发放价值不菲的纪念品。经过这一系列组合拳,老年人很容易被形象化思维所困,失去逻辑判断,认为这个理财机构实力强,理财产品收益率高并且风险低。第四,群体非理性。在这些理财机构举行理财推介会时,会将老年人们聚在一起,并安排"托儿"现场购买烘托气氛,在群体非理性驱使下,很多老年人会当场转账购买理财产品。

在理财市场,风险和收益永远是匹配的。当老年人盯着那些比别人高的"预期利息收益"时,那些非正规理财机构盯着的却是他们的本金。所以,我们不难理解很多老年人购买了这些非正规理财产品之后血本无归、倾家荡产,甚至因为情绪过度激动突发各种心理疾病及心身疾病,严重的还有自杀行为。

过度介入孙辈教育

这个误区是很多与孙辈生活在一起的老年人会发生的。在孙辈教育上，很多老年人会过度介入。

有的老年人控制欲过强，会严格规定孙辈生活方式按照自己的要求来，对孙辈在吃饭、穿衣、走路甚至呼吸节奏上都有严格规定。殊不知生活中是非观要弱，高度的是非观容易导致孙辈在生活中压力过大而产生各种心理问题。

有的老年人按照自己的人生经验认为"书山有路勤为径，学海无涯苦作舟"，就拼命向孙辈灌输学习要苦读才能读好的教育理念，为孙辈安排了令人眼花缭乱的外部辅导机构，结果却是让孙辈与学习之间建立了负向心锚，导致孙辈产生厌学情绪。

还有的老年人将自己的处世经验以各种方式灌输给孙辈，不管这些理念正确与否。比如，天天念叨"世上坏人多，出门要小心"，导致孙辈觉得外面到处是坏人，安全感不足；又比如，老年人自己没有规则意识，还把闯红灯、插队这些"小聪明"当作宝贵技巧传授给孙辈，导致孙辈规则意识薄弱；还有的老年人自己斗争心态重，会教导孙辈在外面处处占上风，不能吃亏，导致孙辈也逐渐形成斗争心态。

过 分 节 约

这个误区是老年人最为常见的误区之一。很多老年人生活过度节约，已经影响到基本生活质量乃至个人身体状态，具体表现在衣食住行各个方面。这些老年人吃饭为了省钱，菜里多放盐，导致高血压加重；寒冬和酷暑房间不开空调，身体难受不说还增加了感冒和中暑的概率；本身有关节炎或腰腿疼，却为了省两块钱公交车费，步行两公里去超市，结果导致这些疾病加重。

究其根本原因，是这些老年人在早年多数遭遇过大饥荒或生活贫穷，潜意识贫穷感严重。这些老年人往往过度储备金钱、粮食，过度节约，以备将来可能的灾荒。有人问："家里老人太节约了，怎么办？"笔者的回答是："如果条件允许,给老人们很多很多财产,让他们感觉自己是个有钱人,最好是给他们金条或者登记在他们名下的房产,这样他们安全感足了,就不会那么节约了。"

斗争心重,陷入孤独

斗争心态重也是老年人常见的生活误区。国内现在的老年人都经历过"文革"等特殊时期,时代也在他们身上留下了深深的烙印。斗争心态强、思维焦点负面、指责型人格是经历过那个时代的人常见的人格特征,并且深入他们的潜意识。在这些负面心态驱使下,老年人会与外部世界产生各种冲突,包括家人、朋友、邻居、路人等。

这种斗争性有如下三个特点:第一,根据亲近关系,斗争性程度有所变化。离这些老年人越亲近的人,因为老年人安全感最强,表现出的斗争性也最直接。离老年人关系最远的路人,老年人安全感最弱,反而斗争性表现不明显。第二,斗争心态导致老年人社会支持不足。过多的斗争性,会使得老年人的亲朋好友受到最多的负面强化作用,久而久之就会远离他们。第三,斗争心态会使得老年人将自己陷入孤独的境地,产生心理疾病及其他心身疾病。

低价值感

很多老年人在退休之后无所事事、混日子。这类老年人觉得自己工作了大半辈子,退休了该好好休息,所以他们每日主要的生活内容就是吃饭、睡觉、看电视。这样的生活表面看起来很好,长远来说对老年人身体损害极大。因为老年人一旦这样无所事事、混日子,他们的价值感会非常低,潜意识会认为自己不被需要了,心理问题随之而来,身体机能迅速下降,不利于个人身体健康。所以,老年人退休后一定要做一些力所能及的、有意义的事情。

不科学的生活方式

老年人退休后的日常生活方式有多种,其中很多是不科学的,特别喜欢走极端,对老年人身心健康有很大损害。常见的老年人极端生活方式误区有:第一,过度锻炼身体或完全不锻炼身体;第二,极端素食主义;第三,大量抽烟、酗酒。

笔者近年来经过大量的实证与理论研究,得出如下研究成果:万物均分阴阳,阴阳二元平衡。其中一个重要分支为"阴阳至极而换",因此笔者反对任何极端的事物。对于过度锻炼身体或完全不锻炼身体、极端素食主义、大量抽烟酗酒等极端生活方式都持反对态度,这些生活方式无疑对身体都会造成重大伤害。

令人遗憾的是,很多老年人对这些误区持回避态度。为了达到认知、情绪和行为的协调,让自己更开心,他们选择自我欺骗,认为原有生活方式没问题,坚持不改变。

过 度 医 疗

过度医疗是指在生病之后,过度使用医疗资源的情况。比如,有些病既可以选择做手术也可以不做手术,很多老年人天然地认为手术治疗肯定更彻底,一定要选择手术;有些早中期癌症不需要放化疗,但很多老年人仍然坚持选择放化疗;还有的老年人得了普通感冒,就火急火燎地去医院打点滴,吃强力消炎药。

过度医疗看似是在给予身体最好的医疗条件,害处却不容忽视。不管是手术还是放化疗、打点滴抑或是强力消炎药这些治疗措施在帮助身体消灭有害细菌、病毒和癌细胞的同时,会重创身体的正常细胞和免疫系统。我们常说的"杀敌一千,自损八百"就是这个道理。

过度干涉子女事业

过度干涉子女事业的现象,在那些曾经或现在担任管理岗位的老年人中比较常见。他们对子女事业的过度干涉主要有三种情况:第一种,帮子女强行安排工作,不考虑工作内容与子女兴趣及能力的匹配度。比如,子女明明喜欢设计类工作,父母却利用关系将子女送进政府部门做行政类工作;子女在文学方面比较擅长,父母却让子女选择金融企业就业等。第二种,对子女工作中的事进行刨根问底的追问,并且给出大量过时的意见。第三种,过多介入子女所开办的企业,在子女开办企业中给出大量指令和评价言论,影响企业日常经营。

现代社会变化极快,老年人的经验极易过时,在各领域引领学术前沿的专家、学者、教授或高级知识分子中,确实是年纪大的人水平高,但大多数情况下,老年人的经验是过时的。而且,老年人常常已经脱离了一线,掌握信息不足。

许多老年人特别欣赏一句话:"不听老人言,吃苦在眼前。"这句话在中国几千年自给自足的农耕自然经济时代是对的,但放在现在便值得深入探讨。

在农耕为主的时代,要夺取农业高产,主要依靠丰富的种植农作物经验,而种植农作物经验是不会过时的,十年前种植高产黄瓜的经验,十年后还能用,上一辈种南瓜的经验这一辈还能用,所以年纪越大,不过时的种植农作物的经验越多,年轻人必须向老人学习,才能获得高产,于是就形成了听老人话的主流社会文化,强调子女对老人不但要"孝",即奉养父母,而且要"顺",即服从父母的领导,合称"孝顺"。

在现代社会,创新日新月异,技术更新迭代极快,管理方法在不断变化,新法规层出不穷,谋生手段花样翻新,新生活方式层出不穷,脱离一线的老年人,经验很快会过时,比如最基本的办公方式都是在线办公,除了少数高级知识分子外,又有几个七八十岁的老年人会在线办公?用过时的经验指导子女的事业,容易决策失误,严重影响子女发展。在现代社会,"孝"是对的,而"顺"是过时的错误观念。

而且,老年人普遍有贫穷经历,即使有钱了,潜意识还是处于穷人状态,普遍比较节约,指导子女事业,偏向于无本发财,而在现代社会中,无本发财成功的概率是极低的。

这些老年人之所以对子女工作或事业进行过度干涉,主要有两方面原因。一方面这些老年人控制欲过强,泛化到子女工作及事业上;另一方面在于这些老年人在退休或者退居二线之后,价值感降低,希望通过对子女工作及事业的干预来提升自我价值。

老年人要注意控制自己干预子女事业的本能,不能让本能任意泛滥,就像性也是人的本能,任意泛滥却是不对的。另外,老年人和子女是独立的个体,从民法的角度,老年人也无权替子女决策。如果强行替子女决策,严重的,可以被视为违法的,这点也是要注意的。

第三节　孝养老年父母的原则

百善孝为先,观天地之间,恩情最大的莫过于父母。回想我们由咿呀学语到学会行走,再到长大成人,是父母一路陪伴,为我们遮风避雨且喂养我们,我们才能茁壮成长。时光流转,子女渐渐长大,父母慢慢老矣,孝养父母是子女的义务,是天经地义之事,但要讲究方式方法。

那么,基于老年人心理特点,如果条件允许,如何让父母过得更加幸福呢?从心理学角度来看,我们在孝养父母时,应该注意以下原则。

不仅要物质孝养,更要精神孝养

对于父母,大多数人都能做到给钱、给物等,这属于物质孝养,但仅如此就够了吗?《论语·为政》中有一段"子游问孝",翻译成白话大体意思是:"子游问孔子,什么是孝道?孔子认为,很多人以为对父母能做到物质的奉养就是孝道,这是错误的。孝道不是养一只狗或养一匹马,只要给它们吃喝就行。如果是这样,奉养父母和养动物也没区别。"

从心理学角度来看,也是如此。做到物质孝养,这是必要的,但这仅是基础,作为子女更应该做到精神孝养。

如何做到精神孝养呢?要从老年人的心理特点出发。

很多老年人特别爱重复回忆壮年的光辉事迹,部分老年人还会对这些事迹添油加醋。通过回忆来证明自己是有用的、有价值的。这是无价值感的一种补偿方式,老年人这么做有其必然性。

作为子女,应该理解这个现象,每当这个时候,应该耐心地听,同时应该给予肯定。比如,笔者母亲壮年时是从事人事工作的,而且笔者母亲的记忆力特别惊人。每当回忆此事时,笔者母亲都会骄傲地说:"工厂里当时有2 700个员工,我当时都能背下来所有员工的工资。"每当这个时候,笔者都会在旁边呼应:"妈妈的记忆力真是惊人啊,在我的圈子里,教授、总经理成堆,从没有发现记忆力比您好的。"笔者母亲每年讲述这件事几十次,笔者累计听了至少500次,每次都耐心听完,并做呼应,每次笔者母亲都会很开心,价值感也能得到一定的满足。

很多老年人因为有深刻的无价值感,会特别喜欢强调自己有用,多数父母都会通过烧菜来显示自己的价值,证明自己对子女有用。那么,作为子女,应该多吃父母的饭菜,甚至可以狼吞虎咽,吃得津津有味,最好能将菜全吃光,或者其中某一盘吃光,而且还要经常说,父母烧的菜多么好吃。这样父母的价值感会更足。所以,到父母家吃饭,并非仅仅是吃饭,也是精神孝养的方式,当然到了极端,次数太多也不妥的,这就变成啃老了!凡事极端都是不好的。

作为子女,还要经常向父母表达自己在人生中很需要他们,自己很依恋他们,由于父母的存在,给自己带来了很多好处,父母对我而言是多么的重要。这样,父母潜意识就会觉得自己存在很有意义,更容易长寿。

父母老了,当然不能让父母做太多家务,以免累坏身体,但父母不做任何家务,也是不好的,父母会觉得自己无用,既然无用,潜意识就会"指挥"个体早早离开人世。子女出于精神孝养的需要,应该特意找一点简单易行的事情让父母做,这样会让他们有价值感。

作为子女,还要经常喊爸爸妈妈,进门喊父母,出门打招呼,还要多拥抱父母。因为大量的实证数据研究表明,拥抱能产生安全感。

孤独会极大地削弱老年人的生存意义,同时降低老年人的安全感,所以子女还要多陪伴父母,如果可以,要尽可能带着孙辈去陪伴父母,让父母觉得周围时常有人围绕着,这样父母有社会支持感,有助于增加父母的安全感。

对于大部分父母,他们还有自己的主要价值线。子女要注意不能破坏其主要价值线,一旦破坏,父母的价值感很容易受到巨大打击。比如,对多数父母而言,烧饭、带孙子孙女是主要价值线,作为子女应尽量避免说父母烧饭不好、孩子没带好。这样做,会对父母的价值感产生极大的打击。

有时候,有的父母的主要价值线比较特别。比如,有的母亲的主要价值线是烙饼,因为儿子特喜欢吃烙饼,一直吃到长大,烙饼成了母亲的骄傲,如果儿媳也学会了,在婆婆面前炫耀,或在朋友圈里发图:她做烙饼如何好,老公如何喜欢。这样做是无意中制造婆媳矛盾,这会使得婆婆的价值感受到巨大打击。应该怎么做呢? 作为儿媳,即使自己烙饼技术确实非常好,也要装作自己学了很久,但就是学不会,就是做不出婆婆做的味道,最好还做一块糊掉的饼让婆婆看到,这样婆婆不论表面言论如何,其实内心是很喜悦的,价值感会得到巨大的满足。这种喜悦多半是潜意识里的,不知不觉的,婆婆也不知道为什么。

综上所述,可简短概括为:要耐心听父母回忆壮年事迹,并多做呼应,多夸父母,经常喊爸爸妈妈,多与父母拥抱,多陪伴父母,不破坏父母的主要价值线。

望读者不仅要物质孝养,更要根据老年人的心理特点,做到精神孝养。

不求孝名,但求孝行

孝行即让父母晚年幸福,孝名即让自己或他人觉得你很孝顺。

比如,

不考虑父母是否适应城市生活,强行把他们从农村搬进城里,父母无所事事,同时人生地不熟,对于这种行为,表面上看,父母居住环境好了,实则他们极其痛苦,加之原来人际关系断绝,会产生极大的无价值感,心理状态变差,免疫力降低,使得寿命缩短,过早离开人世,这种例子非常多。这种行为与其说是"孝",不如说是在求"孝名",是为了解除自己的内疚感,让自己感觉很孝,本质是为了满足自己的需求,是一种自私的体现,或者这些是做给他人看,特别是做给亲友们看的。

又如,

单身老人有恋爱对象,子女从中干预,表面理由是"怕影响老人名声",实质是为了自己的面子,或者自己心里别扭。如果老人恋爱了,更开心更幸福,如出于真孝，是应该帮助他去恋爱，甚至定期问老人是否要介绍恋爱对象。

再如，

老人已经病危，临近去世，很多子女不考虑如何让老人尽量少些痛苦，而是为了让自己的心理有所安慰，让医生给老人切开气管，输送氧气，老人痛苦不堪，又无法言说，而且常常也只不过多活了几小时。这种行为，与其说是"孝"，不如说是为了子女自己的心理满足，或者向亲友有所交代，其实是自私行为。

所以，作为子女，要严防自己在孝养父母时，只求了孝名，而忘了真正的孝行。

防未病胜于治已病

预防疾病重于治病，国外有数据研究表明：平均寿命较高的几个国家70%～80%的个人医疗费用主要用在预防阶段。对于老年人而言，随着年龄的增长，身体机能的衰退是必然的，及时检测身体状态，可以提早采取治疗手段，有助于延长寿命。

但是在当下，很多老年人观念仍旧固执，不肯体检，主要原因是怕花钱，因为他们都经历过三年自然灾害，或者有着极其贫穷的经历，潜意识有深刻的创伤，所以怕花钱。作为子女劝动老年人体检最好的办法是：告诉他们由于种种原因，比如抽奖、单位赠送、朋友赠送等，获得了体检优惠券，体检是不要钱的，而且过期作废。

鼓励父母参加群体活动

由于老年人安全感不足，所以他们喜欢扎堆。人多，代表一种社会支持感，容易增加安全感。作为子女，平时可以多带着自己孩子去看望、陪伴父母，还可以多引导父母参加群体活动，比如，老年大学、广场舞等，这些群体活动同样可以给父母带来社会支持感,增加安全感。

送父母能带出门的礼物

老年人有这样的一个心理特点:在跟别人攀比时,主要是比谁家的儿女更孝。基于这种心理特点,作为子女,在送礼物时,一定要准备一些增加面子的礼品,让父母在外人面前感到有面子,能够使他们方便地证明子女是讲孝道的。比如,衣服、手机、手表、项链、帽子、鞋子、手镯等,这些东西的共同特点是,有展示的功能,他人容易看见,这样父母在别人面前就可以说:这手机是儿子买的,这手表是媳妇买的,等等。

适度接纳老年人的节约行为

对于老年人的节约行为,作为子女要理解,也要适度地接纳。因为许多老年人经历过极穷的日子,怕没有钱花已经深刻地进入了他们的潜意识,很难改变的。那么,如果要改变,就要让父母感到他们非常地富有,比如:

> 笔者的一位关系很近的长辈已经90多岁了,曾是某地市长夫人。她先生已经过世,是老革命,很清廉。市长夫人节约过头,几乎每顿都吃剩菜剩饭,挤公交,子女怎么劝也没用,子女给钱也没有用,子女们非常苦恼。笔者特意送了一大块铜块给他,告诉她是金块,是孝敬她老人家的,因为她岁数大了,也不会到银行里查金块到底是不是真的,而且知道笔者管理企业蛮厉害的,觉得笔者送给她一大块金子也很正常,老人非常高兴,用布将铜块包得里三层外三层,放到箱子底部,从此节约现象得到明显缓解。

作为子女,平时也要给父母存一些钱,这不仅是物质孝道,而且是精神孝道。父母有了存款,心理感觉就会不一样,安全感会有所提升。如果存的钱对于他们来说足够多,他们的节约现象也会有所缓解。自古说"财大气粗",是有一定道理的,所谓气粗,可以理解为安全感增强。

经常给父母长寿的暗示

作为子女,口头上经常说父母会长命百岁是有必要,但还是不够。口头上说叫做明示,而明示的信息特别容易受到意识的检阅作用,信息进入潜意识难度很高,因此子女还要暗示父母会长寿。暗示比明示更重要,暗示能够绕过意识的检阅作用,更容易进入人的潜意识。比如,子女在做父母的生活计划时,应该做得特别长,做到100岁,这就是一个暗示,暗示父母长寿。

笔者有一位90岁高龄的长辈,文化程度不高,常觉得自己垂垂老矣,曾经遇到过一个瞎子算命先生,说他活不过83岁,由于这个负面心理暗示,影响了他生理机能,在他82岁的时候,百病丛生,差点逝世。过了83岁,身体立刻好起来,在其过90岁生日寿宴时,又碰到一个问题,就是他是当地年龄最大的,这种生日其实也是有负面心理暗示的:寿命该差不多了。不少人过完90岁、100岁生日就走了,老人过大寿不一定是好事儿。笔者是这样处理这个难题的:送的生日礼物是,声称从天师府请来的一道"圣旨","圣旨"中说这位长辈可以活到117岁零5个月24天,当时老人就兴奋不已。自那以后,老人家人纷纷表示,自从生日过后,老人精神也好了很多,把"圣旨"高高地挂着,感觉自己能活到117岁零5个月24天,病也没了,气也不喘了,腰也直了,这是典型的心理干预起效了。其实"圣旨"是淘宝买的,内容是笔者自己书写的。

当然,如果老寿星是一名教授,上面这个方法是不能用的。我们可以想各种各样的办法,常用暗示的方式来告诉父母他们是长寿的。

严防父母老年病

随着老年人年龄的增长,身体会变得越来越不好,各器官功能老化,免疫力逐渐下降,这是自然社会发展的必然。同时,在内心的严重不安全感、深刻的无价值感,心理与生理众多因素的影响下,老年人的一些老年病也会加重,如心脏病、脑卒中、高血压、糖尿病、冠心病、高血脂、癌症、肥胖症等,这些病与生理有关,又与心理有关。

和父母一起学习身心柔术

老年人的很多身体疾病与自身的免疫力、情绪、安全感不足及无价值感的潜意识有关系,笔者作为一名心理学家,经过多年的科研,自创一套调身调心的身心柔术,可以有效提升免疫力,使情绪正面,调整潜意识,有助于身心健康,增强体魄,如有机会学习,子女应带父母一起学习,这也是孝的一种体现。

第四节　婆媳矛盾的心理实质、误区及应对方法

从古至今,婆媳矛盾都是一个老生常谈的话题。从原始的神话传说,到古代的文学作品,再到现代的各种戏剧、小说、电视剧,婆媳矛盾的话题一直延续至今,并且有愈演愈烈的趋势。现在离婚率越来越高,其中婆媳关系不和是导致婚姻关系破裂的一个重要原因,因为婆媳矛盾导致家庭分崩离析的报道已经屡见不鲜了。

婆媳矛盾的心理实质

婆媳矛盾表面的理由五花八门,有人认为是生活习惯不同导致的,有人认为是两代人价值观冲突导致的,有人认为是对第三代的教育方法冲突导致的,有人认为是用钱尺度大小冲突,还有人认为是……这些冲突在发生婆媳矛盾的家庭里确实存在,但并不是真正导致婆媳矛盾的本质原因。心理学通过对大量的案例分析,主流观点认为多数婆媳矛盾都有以下两个共同点:

第一点,多数婆媳矛盾本质是母亲与儿媳都在互相争夺对儿子(老公)的爱和控制权;

第二点,有些婆媳矛盾本质是母亲与儿媳都在互相争夺家庭管理控制权。

有的家庭上述两项同时存在。

特别是独生子女一代,许多母亲把自己的人生意义和价值都寄托在了儿子身上,所以这种现象更为明显。但这都是潜意识层面,在意识层面婆婆和妻子一般是不知道上述答案的。如果你去问婆婆:你们闹婆媳矛盾是在争夺对儿子的

爱吗？那99.9%的婆婆会回答：不是的，是因为儿媳妇花钱太多，或是因为儿媳妇太懒，或是因为儿媳妇家教不好……总之，会有各种表面理由，但其背后原因是婆婆看到另一个女人分享了儿子的爱，心里面会涌出一种自己说不清道不明的难受，这种难受是无法用言语表达的。儿子一贯都听妈妈的，和妈妈最亲热，现在儿子突然听另一个女人的话，和另一个女人很亲热，这才是问题的本质。所以统计发现93%以上的家庭都有婆媳矛盾。

应对婆媳矛盾的常见误区

大家在婆媳矛盾中有哪些常见的应对误区呢？

误区一：三方按照表面矛盾处理婆媳矛盾问题。

因为婆媳矛盾其实本质上是母亲和妻子对儿子（老公）爱和控制权的争夺，所以很多表面上的矛盾并不是真正导致冲突的原因。比如，当婆婆说媳妇做的家务少了，或是花钱大手大脚了，丈夫如果真的按照婆婆的意思让妻子花更多时间做家务或者去克制花费，实际的结果是婆媳矛盾依然存在，而且矛盾会在其他的方面显现出来，比如妻子做的饭菜太难吃了、陪孩子的时间不够多等。所以处理婆媳矛盾问题时，丈夫不能按照表面的问题去处理，要找到心理实质原因去着手干预。

同样妻子说婆婆这不好、那不好，男人常常也不能当真，不能按照表面的矛盾去处理，这样去处理问题，问题永远也解决不了。

误区二：妻子在婆婆面前指挥老公，老公在婆婆面前表现出听妻子的指挥。

如果婆媳矛盾本质是母亲与儿媳都在互相争夺对儿子（老公）的爱和控制权，婆婆在家里的时候，妻子在做饭，就指挥丈夫去端茶倒水或者切菜打杂，这都是万万不可的。妻子如果这样做了，婆婆心里会不知不觉地相当地反感，那妻子这顿饭菜不管做得多么香甜可口，都无法抹去婆婆心中儿子被呼来喝去的负面印象。当然，如果婆婆不在面前，妻子指挥丈夫去洗衣做饭、扫地洗碗那都是无伤大雅的。

误区三：老人以自己的标准约束儿媳的消费。

当婆婆知道老妈没花着儿子的钱，许多钱让另一个女人给花了，心里别提有多难受了。所以丈夫千万不可以让母亲知道自己给妻子买了衣服和化妆品。

万一被母亲知道了,丈夫在母亲面前报价时也一定不可以报真实价格,要说一个大大打折的价格,或者是客户免费送的,或者是公司抽奖得来的,或者是商家促销赠品。同时儿子也要注意给老妈买衣服或者化妆品,价格多少不论,关键是照顾妈妈的心理感受。

但就公公婆婆而言,以自己的标准约束年轻人的消费也是很不妥的。多数老年人有极其贫穷的经历,潜意识有创伤,所以特别节约,而年轻人没有这个创伤。老年人要克制自己的直觉反应,理性理解矛盾冲突所在,不要强行以自己的标准约束年轻人消费。

误区四:儿媳期望婆婆把自己当女儿疼爱,或者婆婆希望儿媳像对待母亲一样爱自己。

有的丈夫家里有兄弟姐妹,妻子结婚以后对丈夫抱怨说:"我把婆婆都当亲妈一样对待了,照顾她比你的姐姐妹妹都多,她怎么对我还不如你的姐姐妹妹呢?"妻子如果有这样的心理,那需要当心了,因为这样想的结果只会给自己带来满腹的委屈,而无实质的改变。因为人性使然,妻子是不可能真的把婆婆当成亲妈的,同样因为人性使然,婆婆自然也无法真的把媳妇当成女儿。如果儿媳还是觉得愤愤不平,你可以设想一下:当亲妈说你好吃懒做、不懂节约或唠叨,你会真的往心里去吗?你会记恨吗?不会的,因为她是你亲妈,说过你就忘了。但是,当婆婆说你好吃懒做、不懂得照顾家庭时,你肯定会满腹委屈,甚至把这些负面信息存到潜意识深处,把负面情绪传给丈夫。所以作为妻子千万不能抱有婆婆把自己当女儿的期望。有这种想法其实是比较愚蠢的。

很多婆婆也抱怨,儿媳不像女儿一样贴心,这种抱怨同样是荒唐的、不切实际的。儿媳不可能真的像女儿那样爱婆婆,这就是人性,无法改变的。如果儿媳能做到表面上和婆婆很亲热,就像一对母女似的,这个儿媳已经很不错了,还要求像亲生女儿一样贴心的感觉,此要求是过分的。如果在儿媳内心深处、在感情上,婆婆的重要程度和亲妈一模一样,那么这可能与这个儿媳早年非常特殊的经历有很大关系。

误区五:闹婆媳矛盾时,丈夫作为中间人来回传话。

婆媳之间闹矛盾的时候,丈夫其实是心理压力最大的人,他的思考能力、判断能力都远远不如平时。有时丈夫会决策错误——互相传话。这将导致双方矛盾越来越大,婆婆会天然地认为儿子应该站在自己这边,妻子也认为丈夫会和自己一条心,当丈夫作为中间人去传达信息时,即使传达的内容完全一致,婆婆会认为儿子没有袒护自己,妻子也会认为丈夫没有偏向自己,大家都会怪男人无能。

误区六:婆媳矛盾时,都没有意识到夹在中间的男人才是最大的受害者。

很多人有一个误区,认为婆媳矛盾中如果有一方出心理问题,那肯定是妻子或者婆婆,然而心理学统计发现:丈夫其实是婆媳矛盾家庭中得抑郁症概率最大的,因为婆媳矛盾导致自杀的丈夫比例远远高于妻子或者婆婆。这是为什么呢?

首先,婆婆和媳妇虽然会受气,但是又可以出气。婆婆可以骂儿子:"你这个没良心的,娶了媳妇忘了娘。"媳妇可以骂老公:"你这个长不大的,你到你妈那里吃奶去吧!"而丈夫只能受气,没地方出气。

其次,婆婆和媳妇都有支持系统。婆婆可以找公公倾诉获得安慰,妻子可以从娘家获得支持,而丈夫(儿子)是没有支持系统的。

再次,丈夫感觉问题无法解决,潜意识指挥丈夫通过得抑郁症来调解婆媳关系。丈夫夹在妻子和母亲之间,一边是朝夕相处、相濡以沫的爱人,另一边是赋予自己生命、含辛茹苦地养育自己的母亲,无法抉择。当丈夫一生病,婆婆和媳妇都去关注儿子和老公,矛盾就暂时缓解了,这也是丈夫(儿子)得抑郁症概率和自杀率高的原因。

因此,婆媳矛盾时,妻子要多理解丈夫作为儿子的难处,婆婆要多理解儿子作为丈夫的难处。

误区七:媳妇为了证明自己的价值,全盘否定公公婆婆带孩子的作用。

婆媳矛盾中有一个常见的冲突就是孩子的教育。绝大多数年轻人接受过的教育和接触到的信息都比老年人要多,所以在子女教育的方法上经常和公公婆婆意见不一致。在潜意识层面,儿媳为了证明自己是对的,会不知不觉地全盘否定公公婆婆教育孩子的方法,进而全盘否定公公婆婆带孩子的作用。

公公婆婆作为退休人员,本身就存在无价值感的问题,他们的人生意义和人生价值,有可能主要体现在带第三代上,如果儿媳全盘否定公公婆婆带孩子的作用,那么这种打击是全面的、致命的、崩溃性的,当然多数情况下也是不客观的。因此，儿子与媳妇能否经常地、高强度地、大剂量地肯定公婆带孩子的作用，是家庭管理中很重要的一个环节。

误区八：婆婆与儿媳误认为儿子（丈夫）有调解婆媳矛盾的能力，夸大了他的作用。

绝大多数爆发婆媳矛盾的家庭，婆婆与儿媳都会责怪儿子（丈夫）不会处理事情。事实上，即使儿子才高八斗，在外面呼风唤雨，能力超群，也罕见有可以摆平婆婆与媳妇的矛盾的。因为矛盾的本质是母亲与儿媳都在互相争夺对儿子（老公）的爱和控制权，或者本质是母亲与儿媳都在互相争夺家庭管理控制权。这两者的目标是针锋相对的，没有调和的余地，这就从本质上决定了儿子（丈夫）无法摆平这个矛盾。笔者成此书时已经53岁，见过无数的婆媳矛盾，从来没发现儿子（丈夫）能够真正摆平婆媳矛盾的案例，所有婆媳矛盾的缓和和消失，都是婆婆或者儿媳调整自己目标的结果。有的是其中一方调整目标，有的是双方都调整目标，只要双方目标针锋相对，儿子（丈夫）能够摆平婆媳矛盾是不符合逻辑的，本质上是不可能的。

当然，处理婆媳矛盾的误区远不止以上几种，这里只列举几种比较常见的。

处理婆媳矛盾的原则

那么，处理婆媳矛盾的原则是什么呢？

原则一：如果条件允许，尽量避免婆媳长期同住一屋。

分房居住，间隔50～300米为最佳，既可以尽孝道，又可以缓解矛盾。

如果丈夫和妻子懂得婆媳矛盾的心理实质原因，就可以明白，婆媳短期同屋相处，矛盾还可以控制，但是如果婆媳长期相处，那她们冲突的概率是很大的。所以结婚后，对大多数家庭而言，要尽量避免婆媳同住一屋。

原则二：处理婆媳矛盾时，要直奔本质。

处理婆媳矛盾时，要直奔本质，促使婆媳放弃争夺控制权的目标，千万不要被表面的矛盾所牵制，卷到具体的事务堆里，导致清官难断家务事的局面。婆媳双方也要认真反省：自己背后的潜意识目的是不是在争夺这个男人的控制权，或者家庭管理控制权，扪心自问争夺这种控制权是否有意义，是否有必要。

原则三：媳妇要大剂量、高强度、长时间、真诚地夸公公婆婆，公公婆婆也要同样大剂量、高强度、长时间、真诚地夸儿媳妇。

老年人有一个很常见的心理问题：容易缺乏价值感。所以儿媳妇大剂量、高强度、长时间地夸奖公公婆婆，肯定他们的价值，往往可以收到意想不到的效果。

在这里特别要强调，夸奖还要真诚，不是制造优点，而是发现优点。

有人说，这不是教我说假话吗？对方实在没有优点。事实上，毫无优点的人是没有的，之所以你没有发现对方的优点，你很有可能是指责型人格，你不善于发现别人的优点，请仔细学习指责型人格批判这一节加强自我反省。

原则四：如果婆媳不得不同住一屋，那么在矛盾高峰时，双方短暂保持距离是有必要的。

比如小夫妻暂且搬出去住几个月，可以使双方更加冷静，恢复一定程度的理智，然后再搬回来，常常是相当有效果的。

原则五：请权威的第三人进行调解。

请权威的第三人调解也常常是有效果的办法，但这个效果不能持久。如果婆媳矛盾非常严重，可以采用这个办法，但这个权威第三人，是双方都能接受的，才可以让双方换位思考，缓解冲突。

原则六：作为丈夫（儿子），要提高对婆媳矛盾的耐受度。

既然婆媳矛盾发生率是93%，那么对轻度的婆媳矛盾要有接纳的心态。这种接纳的心态，会使自己更加冷静、更加客观、更加理智，解决矛盾的方法更多。如果以无矛盾为目标，反而会使冲突更大，自己压力也更大，得心理疾病的概率上升。

原则七：组织全家学习本书并讨论。

组织全家学习本书，特别是本节，进行讨论，如果主持人得力，效果是比较好的。如果几家人合成一个学习小组，逐章逐节学习本书，效果就更好了，另外，全家练习笔者学术体系的身心柔术，如果认真地练习一个月以上，与对照组相比，有着更明显的缓解负面情绪的作用。

第五章　生活中的心理学

导言：

　　本章主要涉及生活中的一些心理学及技术，对建设幸福的家庭有很大的启发意义。

第一节　亲戚关系建设原则

从古至今中国一直是一个讲究"人情"的社会，人情中亲戚往往是最亲密的一类群体，是我们比较有力的社会关系，比如，古有分封制度，君王将家族亲戚分封到各地或各诸侯国，以抗衡外族入侵。古人认为，同出一族的人，都能团结，这样使得共主的权力加强，宗族的组织坚强而耐久。生活中也常有这样的现象，当家族中一方有难，亲戚之间常常互伸援手，帮助渡过难关。然而，随着社会的发展、科技的进步，传统的亲戚关系在人类的现代城市化进程中发生着变化，那么，如何在这样的时代里建设好亲戚关系呢？本节为大家提供以下原则。

常来常往，守望相助，殷勤问候

亲戚之间基础关系的形成是由于血缘的链接，那么，如何在血缘基础上使得关系更加紧密与融洽呢？这需要平日里互相往来，一点一滴积累才能建立更加牢固的关系。你不来，他不往，很快关系就会日渐淡漠。另外，更为重要的是亲戚之间应守望相助，从古至今中国的传统文化就是：一方有难八方来援，往往亲戚会首当其冲伸出援手。

严防"升米恩，斗米仇"现象发生

在坊间流传很多的俗语，虽很多是不科学的，但也有部分是值得我们在生活中深思的。比如,坊间所说的"一担米养个恩人,十担米养个仇人",这句话是根据坊间的经验总结而来,却也简单明了、富有哲理。

在生活中,有这样的现象,你在帮助他人时,你帮助的尺寸比较小的时候,他会感激你,尺寸再大一点,感激你的程度会上升;如果帮助的尺寸特别大,超过了他心理所能承受的范围时,或者社会暗示如此大的帮助不合理的时候,反而会很大概率使得他仇视你,关系搞坏,容易产生"升米恩,斗米仇"的现象。为什么会这样呢? 我们从管理心理学角度进行分析,请仔细阅读本章第四节。

广结善缘,远离烂人

我们每个人都免不了和外界打交道,在这个过程中与他人和环境会有着千丝万缕的联系,中国又是一个人情社会,所谓"得道多助,失道寡助",这便使得我们在社会生活中,要广种善果,广结善缘,这样遇到困境,帮助的人才更多,人生事业相对更加幸福成功。然而,人际关系的结交是要消耗精力的,在广结善缘的同时,我们应该舍弃那些烂人关系。所谓烂人,是好人的反义词,指人品差,和这样的人交往会极大地消耗精力,带来负面情绪。

远离一个烂人带来幸福的增加值,约等于结十个善缘带来的幸福增加值,所以远离烂人远比广结善缘重要。

子女尽孝莫攀比

常言道,百善孝为先。随着父母年迈,作为子女,我们要明确一个道理:奉养父母是中华文化千年传承的美德,是我们的义务,更是责任。兄弟姐妹之间应该同心同德,切不可在孝养父母方面进行攀比。比如,某地有一对七旬夫妇,膝下有3个子女,更是儿孙满堂,这样的家庭对于老人来说,本该幸福欢心、颐养天年,但子女在赡养老人方面,在给父母买东西、给生活费、照顾老人的时间等问题上,总是互相攀比,导致矛盾加剧,3个子女一度拒不赡养父母。这样的结果是不善的,更是不孝的。

孝是不可以量化的，作为子女，对于父母的孝心应该是自然发自内心的，并非要做到"卧冰求鲤""卖身葬父"的地步，大多数父母对于子女"孝"的要求很简单，只是陪着吃吃饭、一起散散步、聊聊天等，都能让父母感到欣慰和温馨。

所以，作为子女应该以感恩之心孝养父母，给父母创造一个充满爱、和谐家庭，兄弟姐妹之间切莫因孝而攀比。

遵行"协助而非领导"原则

在社会生活中，亲戚之间互助是常发生的事情，作为帮助者应该定位好自我角色，即其在帮助的过程中应该是协助者的角色，而非领导者的角色，除非万不得已或者对方强烈要求，不然很容易引起被帮助者的心理反感甚至远离。心理学研究表明，人在被领导时，会产生被控制感，而人是不喜欢被控制的，被控制会有负面情绪，负面情绪会造成痛苦感，而人天生是要逃离或者排解痛苦走向幸福的。因此，如果非特殊情况，帮助者一直以领导者的角色出现，容易破坏两者的关系。

帮助亲友，勿望厚报

亲戚之间会有求情帮助的时候，人的天性使得我们在帮助别人后，希望能有所回报，这是完全可以接受的。要提醒自己，防止小恩希望得到小报、大恩希望得到厚报的心理出现。这是因为，一方面，并非每一名受帮助者都会及时准确地给到你所希望的反馈，这样反而很可能使你心生失望；另一方面，如果常思别人要给你厚报，这样的潜意识会不知不觉流露出来，容易使得被帮助人产生压力，对你敬而远之，破坏了亲戚关系。

负面言论，到我为止

对于亲戚的负面言论，不论是亲戚本人告知于你，或是你从他人处听来，都要止于自己这里，不评论、不散播。如果是亲戚本人告诉你，代表他对你信任，你不应该辜负他的信任；如果是你从别处听来的，更不应该传，因为信息在传递过程中必然是有衰减的，你获得的信息是不准确的。不管哪种情况，都是对亲戚的一种伤害，当亲戚得知负面信息由你这里传递时，会对你产生厌烦，使得亲戚之间关系疏离。

谨记嫉妒、攀比是破坏关系的毒瘤

随着时代的发展，人们的生活水平也在不断提高，每个人的境遇、能力甚至运气各有不同，自然会形成收入的差别，这使得越来越多的出现亲戚之间嫉妒、攀比的风气，亲戚之间聚到一起，茶余饭后经常是谁家挣了多少钱，谁家买了新房子、买了新车子等。亲戚之间的这种攀比风气常常是拿自己的优势与他人的劣势进行比较，获胜一方心理满足、沾沾自喜，失败一方不是祝福，反而容易心生嫉妒、垂头丧气，负面情绪随之而来。这种负面情绪是痛苦的，而人天生是要逃离或者排解痛苦走向幸福的，这种逃离或排解可能是有意的也可能是潜意识不知不觉的，但不论如何，不论是否成功，都会朝这个方向努力。所以，长此以往很容易使得亲戚之间敬而远之，进而破坏亲戚关系，使得关系变得淡漠甚至相互排斥。

尊重他人私事，勿犯界限

人与人之间的相处中，不论是多么亲密的关系，都要有界限。亚里士多德曾说过："谈论别人的隐私是最大的罪恶，不知自己的过失是最大的病痛。"

在中国，亲戚是一种剪不断理还乱的关系，往往有人感激，也有人厌恶，原因之一是界限的问题。

有的亲戚，没有界限感，认为互相是亲戚关系，就觉得可以不分你我。很多时候还是以"关心你"的名义，肆无忌惮地高压干涉他人的私生活。比如，现如今常有的现象是，逢年过节，不少人回家，都会遇到亲戚组成高压逼婚团，车轮大战逼婚，这就不妥了。结婚是私事，可以建议，但应点到为止，不能使用高压战术。又比如，婆婆干预媳妇穿什么衣服好看，这也很不妥，好看难看是没有标准的。

能者守拙，富者藏富

"能者守拙，富者藏富"的意思是：有才干的人要降低身段，保持谦逊，富有的人要尽量不显露自己的财富。那么，如果你在亲戚中属于能力强、富有的人，跟他们差距很大，亲戚相处中应该要尽力保持本条原则，否则会给亲戚造成巨大压力，大家都不舒服。

如果你的财富，是兄弟的两三倍，很容易给兄弟造成压力，这时应该藏富守拙，如果你的财富是兄弟的十倍、百倍，倒也不必隐藏了，就像人会嫉妒身边的人收入高，但不会嫉妒中国首富。

受惠应怀感恩心

我们在受到别人帮助时，应该心怀感恩，哪怕是血脉相连的亲戚，我们也需要明白，帮助是一种情分，不帮助是本分，不能因为关系近而觉得别人对自己的帮助是理所当然的，更不能因为亲戚帮了其他人，而进行攀比，觉得对自己的帮助少了，甚至产生埋怨或者记恨。这样是不懂感恩的体现，运气会很差，往往也会活得不幸福。

为什么呢？大量实证研究表明，在其他同等条件下，运气的核心是感恩心。感恩心不是口头说"谢谢"就代表感恩，而是内心潜意识中存在真正的感恩，就是潜意识焦点在别人对自己的帮助与恩惠上。然而，人与人之间又存在潜意识沟通，感恩心强的人散发的潜意识，会让周边的人感受到支持他、帮助他是有意义、有价值的，更容易调动周边社会支持力量，支持他的事业和生活，使得事业和生活更加成功。如果你对于亲戚的帮助进行攀比，觉得亲戚对自己的帮助少了，甚至产生埋怨或者记恨，这样的潜意识也会散发出来，很难使得他人有热情、有动力来支持你的事业和生活，导致运气差，亲戚关系也会疏远。

赞扬为主，互相鼓励

亲戚在我们生活中扮演着非常重要的角色，生活中遇到困境时往往是他们最不离不弃。对于亲戚的帮助与扶持，要心怀感恩，多加赞扬，这样才能更加调动别人帮助你的积极性。

同时，我们应该意识到，人的需求是物质和精神的双结合，亲戚之间除了实质的物质帮助之外，还要给予精神上的支持，人生有高山必有低谷，有白天必有黑夜，碰到困境时应该互相鼓励，给予精神上支持。

赞扬跟拍马屁是有区别的，赞扬是真诚地发现优点，拍马屁是制造不存在的优点。有的人说，我周围的人就是没有优点，那你很可能是个指责型人格，你的潜意识焦点在负面，这是你自己要改正的问题。

第二节　家庭理财常见误区

非理性购买"高收益"理财产品

非理性投资各种"高收益"理财产品是家庭理财常见的第一大误区。"某某投资公司卷款几个亿,人去楼空","某某平台非法吸收公众存款数十亿,数万投资者血本无归"这一类关于非正规金融机构的报道最近几年常见于报端。除了非正规金融机构,传统正规金融机构也有类似的新闻出现。比如,"某银行发行高收益理财产品未能实现预期收益","某信托机构到期产品未能兑付致投资人数亿损失"等。在这些新闻的背后,有一个共同特点,即这些理财产品都有较高的"预期收益"。既然如此,为什么还有这么多人前仆后继地去购买这些高收益理财产品而损失惨重呢? 这在前文已有详细介绍,此处便不再赘述。

大量囤积现金,听任通货膨胀

在家庭理财中经常出现的第二大误区为大量囤积现金,听任通货膨胀。笔者遇到过很多类似的家庭案例,这些案例中有的家庭将大笔资金以活期存款形式存到银行账户里,有的家庭将大量资金以现金形式放到家中保险柜里,甚至有极少数家庭将大量资金以现金形式铺到床下面……

为什么这些人会大量囤积现金呢? 主要原因在于这些人潜意识安全感不足,通过大量囤积现金来获取安全感。这些人小时候家庭经济状况多数不太好,或者经历过灾荒年代,潜意识要储备大量现金备灾备荒,只有看到大量现金在手里他们才会感觉到安全。

在家庭中适当储备一定量的现金是可取的,比如储备6个月左右家庭开支的资金作为家庭备用金,但大量储备现金就会给家庭造成损失。有人会说我现金没有减少,怎么会有损失呢?事实是,虽然现金面值没有发生变化,但在国内货币供应量每年都增加的情况下,如果将资金以现金形式囤积不动,每1元人民币的实际购买力每年都在下降。比如,今天1元钱可以买个包子,那么5年之后或许只能买半个包子,造成家庭现金资金的实际损失。

买自己不懂的古董、艺术品

在家庭理财中还有一个常见误区是购买自己不懂的古董或书法、美术作品及工艺品。

"某朝古董再拍天价""某朝画家书法作品拍卖价格两年翻倍"之类的新闻近些年常见报端,抓取大众的眼球。很多人也开始蠢蠢欲动,将资金投向收藏领域。但是,当这些人将资金投向收藏领域后,结果却大相径庭。

造成投资失败的原因:第一,投资的收藏品为赝品。收藏领域投资需要极强的专业性,即便是专业的收藏鉴定机构也会出现鉴定失误的情况,更不要说对收藏领域知之不深的普通人。我们就不难想象很多人花巨资购买了赝品,等到要出售时才发现自己的藏品一文不值。第二,收藏品有价无市,流动性差。收藏品领域还有一个特点是该领域为小众市场,参与其中的投资人往往是一个小圈子,交易量低。当某收藏品在拍卖时虽然价格很高,但很多时候会出现没有人购买的情况。如果自己不是这个领域的资深参与者,贸然购入某收藏品,当自己需要资金想出售时会发现没有购买者,自己成为一个"接盘侠"。最后要么一直放在手里,要么低价出售被人"割韭菜"。

购买境外理财产品

购买不同法律体系的理财产品,忽视了维护合法权益的成本,这个误区在一些中高端家庭理财中常见。这些家庭可用于投资的资金较多,也会接触到一些不同国家和不同法律体系的理财产品。他们会购买境外金融机构在中国发行的外币理财产品,也会在国外直接投资购买理财产品。

购买这些理财产品存在三个潜在风险。第一,法律风险。在不同法律体系内,如果自己购买的理财产品发行机构出现风险,或者自己在投资时遭遇投资欺诈想要维权时,会出现维权成本过高的现象。因为维权会有几个难点,比如地域跨度大,维权会消耗较多的差旅成本及时间成本,又比如非本地公民身份在维权时会出现流程烦琐问题等。第二,法律体系及文字表达方式不同,导致条款理解存在差异。在购买这些不同法律体系的理财产品时,认购合同的条款往往是非汉语的,会导致我们在投资时因语言问题忽视一些条款细节描述,并且由于文化环境差异,条款背后表达的含义与我们的理解也会有相应差异。这些差异都给理财产品购买带来了潜在风险,导致今后如果需要维权时胜率降低。第三,在中国大陆以外很多金融机构在业绩压力驱动下,会对产品进行倾向性引导,比如理财销售人员在销售推介时故意隐瞒一些潜在风险条款,只描述比较好的方面。在信息不对称情况下,中国大陆投资者可能购买了根本不适合自己的产品或者带有欺诈性条款的产品。

为理财而过度节约

有些家庭为了投资理财,想尽办法节约每一分钱用于投资,严重影响到家庭生活品质。这些家庭中有的为了省钱投资,准备了详细的记账本,记录每天每笔消费,连坐公交车花了两块钱也要记录进去;有的为了省钱,严格执行"货比三家"制度,为了买每斤便宜五分钱的鸡蛋,放弃在家门口的菜市场买鸡蛋,而要去一公里外的菜市场;还有的家庭为了省钱,严格控制家里肉食,导致孩子成长过程中发育不良;等等。

这些人为了投资理财过度节约的背后是其早年家庭经济条件不佳,潜意识安全感不足,所以要拼命存钱投资理财,希望财富增值,带给自己安全感。这种误区存在三个问题:第一,没有认识到家庭财富积累中,开源比节流更重要,只要生活不过度铺张浪费,家庭焦点应放在收入增长上,而非过度节约上；第二，过度节约会导致家庭焦点集中于鸡毛蒜皮的事情上，既分散精力，又影响大局观，导致事业受挫；第三，家庭投资理财的最终目的是为了生活幸福，如果为了投资理财影响到家庭基本生活质量，那就是手段目的异化，本末倒置了。

第三节　人生职业规划

　　人生职业规划是个体以及家庭生活的重要组成部分,很多人没有相对清晰地思考过人生职业规划,往往盲目地选择工作并且轻易地调换工作和岗位,会造成职业匹配度差,而且职业发展受阻。其实,每个人的人格特质是完全不一样的,所掌握的资源禀赋也完全不同,所以不会有一模一样的职业规划方案,只能说有相对更适合你的人生职业规划方案。下面就从以下12点讲讲人生职业规划应该注意的一些事项。

职业规划时须考虑的主要因素

　　在做人生职业规划的时候我们要考虑三个主要因素,分别为:社会需求、兴趣爱好、个体擅长的事务。

　　当一个人从事的职业其未来社会需求强度会持续增高,那么这个职业的发展前景比较乐观。如果所从事的职业是处于社会需求逐渐衰退期,他的职业发展就会受到很大阻力。就像过去存在与算盘相关的职业,但是随着社会的不断发展,计算机的高度普及,算盘的社会需求强度已经下降到基本趋于零了,市场上到目前(2020年)基本已经见不到有算盘相关的职业了。如果你的职业就是与算盘相关,在做职业规划的时候,没有考虑到社会需求问题,固守本来职业内容,那可想而知,现在连工作都会丢掉了。当然,如果在做职业规划时如果能考虑到社会需求趋势这一点,就可以根据社会需求趋势提前储备相关行业经验和技能,会让职业规划相对成功很多。

个体兴趣是人类行为的巨大内在驱动力，当选择符合自己兴趣相关的职业时，个体会有很强的正面情绪体验，愉悦的情绪会激活个体的理解能力、分析能力、创新能力等，在本职业领域发挥得更加出色。现代社会，各种各样的职业也是五花八门，我们可以有丰富的选择权，挑选与自己兴趣相关的职业会大大增加职业成功的概率。

个体擅长的事务是指在职业选择时从事相对比较擅长的职业，会使个体发挥相对优势，会使职业发展更加顺畅。比如，有的人非常喜欢唱歌，可是他的嗓音可以让麻雀乱飞，选择歌唱家这个职业就是错误的；有的人非常喜欢创业，可是他抗挫能力偏差，创业失败率会非常高的。

什么职业规划是最好的呢？就是既是社会需求的，又是个体有兴趣的，而且是自己擅长的，这是最好的职业规划。但是，自古月有阴晴圆缺，十全十美难有，上述三点都符合固然好，如若做不到，争取两点符合，两点中最好包含个体擅长的事务，实在不行，至少也要选择一项。

专业心理测量更了解你

在做职业规划时最好做个全面的心理测量，通过全面的心理测量你可以更好地了解自己，才能根据自己的人格特质和心理特点选择比较适合自己的职业。

我们常常说，人难有自知之明，自己对自己的判断往往不准，所以不要根据自己主观判断来规划，而是应寻求专业第三方的心理测量，这样判断的准确性才会更高。就比如实际心理咨询案例中，我们往往会看到很多具有钻牛角尖性格的人，他们很难意识到自己有这种性格，或者对自己钻牛角尖的程度大大低估，而导致职业选择时忽略了自己这方面的性格特点，职业与性格的匹配度极差，很难适应工作岗位。爱钻牛角尖性格的人容易盯着小概率事件，潜意识会不知不觉地朝事物的负面去看，这样的人格特质在选择职业的时候，往往应选择监督、检查、挑错类的职业，这些是能与他心理特征相匹配的，自己工作起来也会比较舒服，把职业做好的概率也会大增。

扬长为主，避短为辅

在职业选择与职业能力提升时要遵循"扬长为主，避短为辅"的原则，主要精力要放在选择与自己能力特长相匹配的职业上，而不是把主要精力放在剔除不适合自己的职业上。同时，在工作过程中，对自己的提升也应把主要精力放在提升自己的相对能力特长的方面，而不是弥补自己能力弱势上。现代社会是一个大分工的社会，专业的人做专业的事的趋势更加明显，能力特长突出更有优势。人的一生的精力和资源是有限的，把精力放在扬长为主，避短为辅，会让相对优势更加明显，职场竞争更有优势。

长短期利益相结合

职业规划时须注重长远利益与短期利益相结合。人的天性就是重视眼前利益而忽视长远利益的，在职业规划领域也表现得比较明显。大多数人在工作当中往往会过度重视眼前短期赚钱相对多的岗位或单位，而忽略了职业发展过程中哪些岗位更能提升自己的综合能力。从长期角度来看，这样只会让自己相对综合竞争能力弱化。所以，在做职业规划时应把重点放在如何让自己更值钱上，而非短期来看更赚钱的职业。

重点发展难仿效竞争优势

努力发展核心竞争力，即发展难仿效竞争优势，会使你在职业市场上形成一定稀缺性优势，别人很难模仿你，也很难替代你。市场行情好的时候，这种难仿效的竞争优势会让你在团队中更加突出，同等岗位的薪资水平也会高一些；当经济下行，市场行情不好的时候，也不会成为首先被裁员的对象。

养成终身学习的习惯

养成终身学习的习惯会对职业发展大有好处。社会不断发展，无论是新技术还是新需求,都会需要新的知识结构和新的能力特点来帮助发展。所以职业发展的过程中需要个体不断学习新的知识,完善自己的知识结构,提升自己的能力特点,使自己综合素质更加符合社会当下的职场需要,当然学习方式不仅仅指到学校学习。

提高创新能力

员工在企业内部最大的价值就是解决企业问题,而且是岗位级别越高越明显,级别越高解决的越是难处理的问题,往往需要比较高的创新能力来解决问题,所以较强的创新能力能够更好地适应高级别的岗位工作。同时,社会需求不断变化更新,一个好的企业就需要不断通过创新产生更能满足社会需求的产品和服务,同时在企业运营过程中无论是研发、营销还是售后环节都需要创新来提升劳动生产效率,在个体职业发展的过程中必须坚持创新精神,提升创新思维。

加入关系密切型组织

加入关系密切型组织会使个体职场竞争力增加。首先,关系密切的组织成员不是因为外在利益,而往往是因为一些内在情感、认知、兴趣等内在的向心力聚到一起,凝聚力更高。比如校友会,是因为对母校的情感和同学情谊而聚到一起,使得组织内部之间个体相互支持力度会更大,会提供给个体更多的社会资源,为职场竞争提供优势。同时,强大的密切型组织不仅会给你提供心理层面的安全感,这个强大的组织也会给你提供一种无形的保护,让你职场同事产生一定的胆怯心理,不会轻易威胁你或者破坏和你的关系以避免与整个组织为敌。尤其是当你在组织内部担当某个岗位角色,或者组织内部有个社会上比较有实力的名人时,会表现得更加突出。

就像笔者有3 000名左右关系密切的学生,大部分都是社会精英,每个人都是跟着笔者学习了10门课以上,大家的凝聚力很强,学生之间的关系都很融洽。

跟随社会发展大趋势

选择与大趋势相关的职业，会让你的发展借助社会发展的大趋势，这就是人们通常所说的，"在风口，猪也会飞"。但是，笔者要提醒的是：在寻找社会发展大趋势的过程中要注意勿将短期热点错当趋势。追寻热点已经晚了，当大家都在说某某是大趋势时，它已经不是大趋势，而是到了成熟期，它下行的拐点就快到了。比如，大家都在谈论淘宝平台发了大财，你这个时候去投资交易平台，失败率是极高的。大家都在谈论从事网络游戏可以赚大钱，你去从事网络游戏就已经晚了。会飞的猪，一定是风平浪静的时候就等在那里，当大家都看见这只猪飞起来的时候，其他猪再跑过去，旋风已经飞向了他方。所以，摸准趋势需要广博的知识、很好的洞察力、丰富的社会经验。如果自己不具备这些条件，最好请教高手。

重视人品修养

随着职位的上升，你所接触的高层次的人都属于高智商人群，这样的人群中每个人的洞察力都比较高，容易识别道德水平低下的人。在高智商人群里，不诚信、不道德是危险的，这个时候往往个人人品特别重要，主要包含：诚信、义气、爱心、敬业、利他。在高层次人群圈子内，都是极聪明的人，人品的真实情况更容易暴露出来，无法伪装，所以在高层次职场领域更应注意个人人品修养。

社会底层个体常常认为精英阶层非常抠门、狡诈、没责任心，这实际上是社会底层个体自己心理的投射。如果他们真的有机会密切观察高端精英人群，便会发现后者常常是更加大气、诚信、有责任心的。

切忌频繁跳槽

随着从业时间的延长，要注意多积累行业经验，这样不仅可以提高之后工作的效率，避免重复问题的出现，还会让个体在本行业形成经验方面的竞争优势,同时在每个领域或者公司的工作期间要注意人际关系的积累,这些人在后面的职业发展道路上可能还会给你很多支持。适度跳槽是可以的,频繁跳槽是错误的。跳槽频繁的人,人生常常是失败的,好单位不容易找,找到了就要坚持跟到底。

创业须谨慎

在职业发展过程中,请谨慎创业。笔者早年有大量的管理咨询经验,在各大高校的总裁班也从教多年,研究发现所有创业成功的企业家人格特质要求:高创新力、高抗挫力、高融资能力、强沟通能力、强领导能力等,而现实社会符合这样的人格特质的实在少而又少。实际上,大部分人是不适合创业的,但很多人被媒体宣传的那些创业成功人士激活了自己创业的欲望,最终绝大部分都是以失败告终,还有一部分人也因创业压力过大,导致了心理问题或者心身疾病出现。有统计发现,假定创业5年后企业还活着,无论是否盈利,就算暂时成功了,最终失败的概率是97.3%。

第四节 "升米恩，斗米仇"心理分析

"升米恩，斗米仇"是广泛存在的心理现象，特别是在亲朋好友之间发生较多，它的含义是：给亲朋好友少量的帮助，多数收获的是感激，少数得到的是不满；而给亲朋好友巨量的帮助，多数得到的是埋怨、牢骚、批评或者仇恨，少数收获的是感激。

"升米恩，斗米仇"现象背后的原因

很多人疑惑不解，这是为什么呢？如何减少或者避免这种现象呢？下面做详细的心理分析。

假定个体获得了本不应该获得的他人巨量的恩惠，或者获得恩惠数量大大超过社会暗示的合理额度，接受恩惠的个体，是否只有喜悦，没有其他负面的情绪体验呢？

很多人没有注意到，接受恩惠的个体是有负面情绪体验的，这个负面情绪体验叫内疚，内疚是形成心理压力的原因之一，而且受到的超额恩惠越多，个体的内疚心越强，心理压力越大，负面情绪体验越大。

人的天性有回避痛苦、走向幸福的趋向，负面情绪体验就是一种痛苦，所以个体一定会有摆脱这种负面情绪体验的倾向。倾向是一种趋势，不一定能成功摆脱，但个体会不知不觉地努力想摆脱这种负面情绪体验，负面情绪体验越深刻，摆脱负面情绪体验的意愿就越高。

比如，在人均中位数工资每月 7 000 元的年代，弟弟要买房子，哥哥资助他

2～10个月的工资,也就是资助1万～5万元。中国的社会暗示是:兄弟姐妹间有一定的互助义务,这个数额不算太大,那么兄弟间的关系大概率是感情变得更加深厚。但是,如果哥哥资助弟弟购房款200个月工资,即140万元呢? 那么,这对兄弟间的关系大概率是要变坏的。为什么呢? 因为弟弟拿到了140万元资助,心理压力是极大的。如果弟弟心理压力极大,如何排除心理压力呢? 主要有以下三个途径。

第一,弟弟把140万元还给哥哥,心理压力消除。实践中发现:走这条消除心理压力之路的人极少。

第二,弟弟夸大自己对哥哥的其他帮助或功劳,把自己对哥哥鸡毛蒜皮的帮助和功劳极端夸大,以明示或暗示的方式论证获得140万元的合理性。弟弟一方面是夸大功劳给周围人听,另一方面主要还是为了不知不觉地欺骗自己,以减轻内疚感,采用这种办法消除压力的人是比较多的。比如,弟弟强调小时候哥哥特别喜欢吃香蕉,当时弟弟在追一个女孩子,女孩子也特别喜欢吃香蕉,弟弟本来想把香蕉送给女孩子,但是知道哥哥特别喜欢吃香蕉,就把香蕉给了哥哥吃,导致女朋友没追上,对这个女孩子的初恋,至今没有忘记,成了他人生最大的痛苦,弟弟这份对哥哥的真情真是感天动地啊! 这样,哥哥赠送弟弟200个月社会平均工资的合理性,就大大增强了。

第三,把注意力集中到哥哥对弟弟的过错,并且放大哥哥的过错,以此把200个月的社会平均工资打扮成哥哥对弟弟过错的补偿费。我们知道,任何人都是有过错的,弟弟在消除心理压力的潜意识影响下,不知不觉地集中收集哥哥的过错,聚焦、放大、泛化、渲染哥哥过错,以及过错对自己造成的巨大损害,于是拿到的140万元似乎就变成了某种程度的损害补偿费,内疚感就减轻了,心理压力也缓解了。

世上得到巨大恩惠或者超额恩惠的人,多数是采用上述第二或者第三种方法来缓解心理压力,这是典型的自我欺骗,这样双方的关系就特别容易向仇人发展。

在这里笔者要特别提醒的是:作为接受恩惠方,用上述第二或者第三种方法缓解压力的过程是不知不觉的,或者说潜意识化的,在个体的意识层面是不知道的。如果意识层面知道了自己是在自我欺骗,他就会否定自己,那他就无法完成减压的任务了。

什么人容易"升米恩,斗米仇"

看到这里,读者也许对人性就很悲观了,但是好消息是:也有人收到巨额的恩惠后是充满感恩之心的,但这种人比较少,尤其是在2020年的中国,这样的人特别少。那这是什么样的人呢? 如何鉴别呢? 看完下面的因素分析就明白了。

导致"升米恩,斗米仇"心理效应的因素有哪些呢?

第一,受到恩惠的大小。受到恩惠越大,"升米恩,斗米仇"的现象越严重。

第二,给予恩惠的正当性。社会暗示接受这样的好处越正当,"升米恩,斗米仇"的程度越轻。比如:儿子给父母140万元,就不容易产生上述现象,因为在尽孝,但给得太多,如1 000万元,说不定也会产生上述现象,但父母给儿子1 000万元,就不容易产生上述现象,这跟社会暗示有关。

第三,接受恩惠者是否看重面子。接受恩惠者越看重面子,"升米恩,斗米仇"的现象越严重。因为承认受到恩惠,是丢面子的,面子越重要,越不能承认恩惠。

第四,接受恩惠者的抗挫能力。抗挫能力是指受到挫折时情绪波动幅度的大小,波动幅度越大抗挫能力越弱,波动幅度越小,抗挫能力越强。接受恩惠者的抗挫能力越弱,"升米恩,斗米仇"的现象越严重。比如,弟弟是回避型人格,躲在家里吃老本不肯出来工作,那么抗挫能力是极低的,哥哥赠予弟弟200个月的社会平均工资,那么"升米恩,斗米仇"的现象就特别容易产生。

第五,接受恩惠者的感恩心。接受恩惠者越没有感恩心,"升米恩,斗米仇"的现象越严重。笔者发现基督教徒当中上述现象总体更轻,这和基督教的感恩文化有关系。

第六,接受恩惠者的智商。接受恩惠者的智商越低,"升米恩,斗米仇"的现象越严重。因为智商低者经常是缺乏理性,凭着感觉做事,情绪影响决策的程度严重,所以上述现象严重。

第七,接受恩惠者的能力与财力大小。接受恩惠者的工作能力与资产总额越小，"升米恩，斗米仇"的现象越严重，年收入5万元者，和年收入100万元者，两人同时受到哥哥赠送200个月社会平均工资，前者心理压力更大，后者心理压力更小。

所以，给亲友恩惠，是要考查上述指标的。假定某人的弟弟要面子、抗挫力差、感恩意识弱、智商低、工作能力差、财力小，给他资助是要十分小心的。如果你给他300万元甚至1 000万元，多半弟弟会对哥哥充满怨言。当然，有的哥哥明知道大规模的资产划拨会带来麻烦，但他只求弟弟生活好，那是另当别论的。

反过来，从上述指标也可以清晰地判断出应该给什么样的人提供帮助容易获得感激。

第五节　亲友借钱的应对之道

中国社会的一个特点是人情往来，几乎每个人都会碰到亲朋好友向自己借钱的情况。在许多情况下，无论借与不借都令人非常头疼，借给别人怕钱要不回来，不借又担心损害亲朋好友之间的关系，更有甚者，借钱给别人之后人财两空，钱也讨不回来，朋友也做不成了。为应对亲友借钱时进退两难的情况，笔者在本节将给出三个关键的应对之道。

先下手为强，主动先借钱

如果预估在不久的将来，向你借钱的人会很多，届时将没有办法应对，此时可采取的办法是列一个可能向你借钱的人的名单，在他们还未找你借钱时，就主动先找他们借钱，数额稍微大一点，先给他们造成自己也缺钱的印象。更重要的是，当然这些人大概率是不会借你钱的，于是就会产生内疚感，他们自然也就不好意思再向你借钱了。

以小送代替大借

有时会遇到这样的情况，有亲友来借钱并且数额很大，钱借出去风险非常高，极有可能收不回来，但你又跟对方关系很好，确实磨不开情面，非得表示一下不可。此时笔者给的建议是：送对方一笔自己能承受且数额较小的钱，来替代对方一开始索要的大钱。比如，对方找你借10万元，你碍于两人之间的关系无法开口拒绝,那不妨就送他5 000元,5 000元相对10万元是一笔数额较小的钱,以此来替代借10万元收不回来的风险。

严防"白眼狼"

现代心理学研究表明,给别人一个小的帮助,别人绝大多数情况会心存感激;但若是给别人一个巨大的帮助,两个人的关系反而容易闹僵,甚至转化为仇人。这里的帮助主要指金钱往来。

为什么会出现这一现象以及如何进行辨别,请读者们仔细阅读上一节的具体内容。

第六节　抑郁症的心理解释与治疗

本节开始前，我们先特别提醒家长：孩子长期不肯去上学，有相当大的可能性有抑郁症，应该先去医院检查一下。

抑郁症的生化情绪论

本节谈谈抑郁症。对于抑郁症学术上争论也很多，在医院，医生群体中主要流行生化情绪论：任何情绪后面都隐藏生物化学物质原因。该理论偏重于药物治疗，见效快，比较省事，但复发率高。

情绪高低背后隐藏着的主要物质是三种：5-羟色胺、内啡肽、去甲肾上腺素。其中，5-羟色胺对情绪的影响最大，当5-羟色胺含量过低时，就会爆发抑郁症。

生化情绪论主要盛行于医院系统，其治疗抑郁症的办法主要就是吃药。无数事例证实，吃药对改善抑郁情绪是有效的，而且见效速度极快，大约两周就有明显效果，相当一部分人第一周就开始见效。但是，有一个非常令人尴尬的数据：只吃药治疗抑郁症的复发率在70%左右。可见，生化情绪论还是有局限性的，对于治疗抑郁症，学界的公认观点是：药物治疗和心理治疗最好能并行，如此一来，可以把复发率降低到30%左右。当然，最终诊疗效果和心理治疗师的水平密切相关，不同的心理治疗师效果差异极大。

为什么人的5-羟色胺会降低？从目前的主流意见看，主要有两个影响因素：基因因素、青少年时代形成的后天潜意识认知方式和认知结构因素。也就是说,潜意识的认知方式和认知结构会反过来影响内分泌的状况。举个例子,笔者曾用心理催眠的方式做过许多次实验,用催眠来调整个体实验者的血压、血糖、白细胞高低、红细胞高低等,都有非常明显的变化,可见心理活动是可以影响体内生化分泌的。

很多人的抑郁症是20岁左右爆发的,都可以在现实生活中找到刺激源,但经过仔细分析能发现,这种刺激源70%～80%放在他人身上,是不会引发抑郁症的。经过进一步调查,这些抑郁症40%～50%有家族悲观主义史,60%～70%在青少年时代有创伤性经历,潜意识中沉淀了大量错误认知。当然,既无家族悲观主义史,又无青少年创伤性经历的人也有患上抑郁症的可能,这需要巨大的负面刺激。

认识抗抑郁药物及其疗效

我们再来谈谈抗抑郁药物。抗抑郁症药物的化学名称有:氟西汀、帕罗西汀、舍曲林、氟伏沙明、西酞普兰、艾司西酞普兰、托莫西汀、瑞波西汀、文拉法辛、度洛西汀、米那普化、米氮平、曲唑酮、马普替林、米安色林、去甲替林、阿米替林、氯米帕明、地昔帕明、多塞平、丙米嗪、噻萘普汀钠、阿莫沙平、吗氯贝胺等。

但是,同一种化学药物会有不同的商品名称,比如氟西汀有叫“百忧解”的,还有叫“柏忧解”的,原因是仿制药可以用同样的化学结构,却不可以用同样的商品名,还有2019年市面上流行的“美抒玉”和“美时玉”化学结构也是一样的。

抗抑郁药的主要作用是消除病理性情绪低落,需要注意的一点是,它不同于精神振奋剂,抗抑郁药只能消除病理性抑郁情绪,并不提高正常人的情绪。由于抑郁症复发率高,抑郁症症状缓解后尚应维持治疗4～6个月,以巩固疗效,降低复发率。

这些精神类药物都是处方药,理论上个人不能自行到药房购买,需要到正规医院开取。同时,要注意到每个人对不同药的敏感性不同,并且每个人的病症侧重点又有所不同。比如,有的人在抗抑郁的同时,需要减少失眠状况,医生多用“美抒玉”;有的人在减少抑郁的同时,需要注意减少药物对性欲的影响,医生多用“怡诺思”。各人情况不同,自己胡乱吃药是非常不妥的,在医生的指导下服药才是正确做法。

很多人反映抗抑郁药物副作用很大,但在多数情况下,抗抑郁药物的副作用都是自我心理负面暗示放大的。笔者曾遇到过许多说药物副作用很大的人,这些人通过催眠疗法后,纷纷表示,副作用明显减少甚至消失了。这恰好就证明了在抗抑郁药物的使用中,很多副作用是心理暗示的结果。

严重的抑郁症患者,有个非常麻烦的问题就是不肯吃药。在他们的观念中,会不自觉地放大抑郁症伴随着的严重风险,因此也放大了吃药的风险,导致不肯吃药。这就需要心理干预介入,以降低他们对吃药风险的主观感觉,引导他按时服用药物进行治疗,这是非常关键的一步。

运动也会提高5-羟色胺、内啡肽和去甲肾上腺素,所以也有新闻报道说,一些人通过长跑治好了抑郁症。笔者提醒:运动提高5-羟色胺、内啡肽和去甲肾上腺素的数量,是极其有限的,长跑治好抑郁症只是个别现象,对大多数人没有用。当然,运动对不良情绪是有一定的缓解作用,但作用很轻。

经过笔者多年的实验及研究,开发了一套特别能缓解抑郁情绪的方法,即一系列的身心柔术,由外至内,对情绪的改善作用大大超过普通运动,在笔者的其他书里,细谈了这套身心柔术的具体运用。

抑郁情绪和抑郁症是不同的,抑郁情绪可以找到外部刺激源,并且是符合逻辑的;抑郁症的表现是完全无理由的情绪低落,甚至找不到任何外部原因,即便是找到外部原因,在旁人看来是极其夸大的、无逻辑的、难以理解的。

抑郁症诊断标准

对于抑郁症的诊断标准,中外不同,其实都是有效的。中国标准是表5-1所列9项中的4项及4项以上持续两周,便有患上抑郁症的可能。

表5-1　抑郁症诊断标准(中国)

1	兴趣丧失、无愉悦感
2	精力减退或感到疲乏
3	精神运动性迟滞或激越

(续表)

4	自我评价过低、自责,或有内疚感
5	联想困难或自觉思考能力下降
6	反复出现想死的念头或有自杀、自残行为
7	睡眠障碍,如失眠、早醒或睡眠过多
8	食欲降低或体重明显减轻
9	性欲减退

对于上述标准做一些补充解释:

(1)管理精英和知识分子抑郁症容易出现过度思考人生意义的现象,这是因为社会暗示成功人士应该坚强,所以思考自杀感觉没有档次,显得深度不够;

(2)精神运动性迟滞是指自感思维缓慢,注意力、记忆力下降并且动作缓慢,精神运动性激越则表现相反,但以前者多见;

(3)睡眠障碍以早醒居多;

(4)体重明显减轻是指一个月内减轻5%以上。

其他非典型症状还有如下9种:① 决策特别犹豫不决;② 身体不固定地疼痛;③ 怀疑自己得重病,如癌症、艾滋病等;④ 肠胃功能紊乱;⑤ 头痛;⑥ 心慌气短;⑦ 尿频、尿痛;⑧ 不愿意见人;⑨ 担心坏事发生同时有焦虑症并发。

抑郁症在心理学上的解释

至于抑郁症在潜意识心理学上的解释,如表5-2所示。

表5-2 关于抑郁症的潜意识心理学解释(常见17个)

1.潜意识信息选择机制对坏消息特别敏感	2.潜意识有青少年时创伤沉淀
3.潜意识用对自己惩罚,表达对亲人愤怒	4.潜意识对自己否定
5.潜意识性压抑的表达方式	6.潜意识视角太小,小事变大事
7.青少年时代安全感不足在潜意识的沉淀	8.潜意识面子观太强
9.潜意识因过去倒霉事认定自己命运不好	10.潜意识对自己要求太高

（续表）

11. 潜意识认为死了比活着更幸福	12. 潜意识对公平需求过度
13. 潜意识关注他人缺点,感觉世上无好人	14. 潜意识攀比心太强
15. 潜意识的对错观很高	16. 潜意识责任心太强
17. 潜意识有负罪感	

注意,以上罗列的情况均是常见的,还有许多不常见的。抑郁症患者不一定符合上面所列的全部,而可能符合其中一个或者数个解释。并且,根据统计结果,抑郁症的发病率为3%～5%,终生得一次或者一次以上发病率为15%～20%,重度抑郁症的自杀率为20%。

我们不能把抑郁症简单理解为"想不通",特别是重度抑郁症患者必须先以药物治疗控制自杀风险后,再进行心理治疗,主要是潜意识治疗。抑郁症患者脑海里的消极观念,不是通过普通劝解可以消除的。由于许多人把抑郁症仅仅简单理解为"通过普通劝说可以解决的问题",导致延误治疗,酿成自杀的惨剧。

解决心理问题不能只依赖药物

目前,社会上有一种错误倾向,就是过度依赖药物来应对心理问题,这是十分危险的。过高的复发率已经证明这条路是走不通的,最有效的办法还是药物和心理调整双管齐下。很多人的烦恼,确实是由于许多错误认知造成的,导致自身和环境严重不相适应。特别是在西方发达国家,比如美国,总是可以听到一些极端的声音,有一个学术派别甚至主张未来的大同社会,就是"百忧解"无限免费发放的社会,所有社会问题都通过药物来解决,他们主张:

"夫妻吵架离婚怎么办? 吃百忧解!"
"员工大规模群体聚集闹罢工怎么办? 吃百忧解!"
"小孩不愿意上学怎么办? 吃百忧解!"

当然,笔者确实观察到,当小孩不愿上学时,其中60%～70%的孩子有抑郁症的情况出现,吃百忧解是有一定效果的,但完全依赖药物是不对的,他为什么有抑郁症呢？我们需要寻找更深层次的原因。比如,可能的原因之一,他是单亲子女,随母亲生活,母亲把对前夫的憎恨投射到孩子身上,母亲在孩子身上老是看到前夫的影子,于是以各种理由对孩子批评个不停,导致孩子患上了抑郁症。在这种情况下,不调整他们的亲子关系,光靠吃百忧解,治标不治本,很快就会复发。

我们要严密防止"只吃药而不进行心理调整"的极端倾向,同时也反对"不吃药"的极端倾向。正确的态度应该是"药物治疗和心理调整同时进行"。

当然要特别提醒,不能把心理调整仅仅理解为谈话,只会谈话的心理调整都是低效的,甚至是无效的,一定要进入人的潜意识,改变人的深层心理结构,才会达到比较好的治疗效果。

第六章　负面人格批判

导言：

　　本章详细阐述了六种对家庭有巨大破坏力的负面人格，有相关负面人格者，需要巨大的毅力，克服自己的心理障碍，反省自己的过失。如果能够反省成功，家庭面貌会发生巨大的变化。

第一节　指责型人格批判

认识指责型人格

> **指责型人格**：个体潜意识是低价值感的，关注的焦点在他人或事物的缺点，并且潜意识当中有一个深刻的观念，就是真心实意地认为评判他人是为了他们好。

按照潜意识安全感的不同，指责型人格又可以细分为两种类型：一种是安全感较强型，他会对周边人群特别是亲密人群进行大量的批评；另一种是安全感较弱型，他对周边人群的批评主要埋藏在心间。这两种类型的指责型人格都容易更早罹患癌症和其他心身疾病，但是后一种安全感较弱类型的指责型人格得癌症的概率比前一种要大得多。

指责型人格形成原因及危害

笔者倾向于认为指责型人格的形成与基因没有关系，而是主要来源于以下三个方面。

第一，来源于父母。子女活动方式容易拷贝父母，这是萨提亚心理学的重要观点。大量的统计数字证实：指责型人格绝大多数是从父母那里拷贝来的，而且绝大多数是同性别拷贝。其中，子女有70%的可能性，潜意识拷贝同性别父母的指责型人格。也就是说，母亲是指责型人格，女儿也容易成为指责型人格；父亲是指责型人格，儿子也容易成为指责型人格。比如，母亲是指责型人格，整天通过语言指责或行动暗示老公这里不好、那里做错，那么女儿也特别容易受到母亲的这种明示与暗示，养成指责型人格，长大以后容易潜意识聚焦在别人的缺点，发现丈夫浑身上下都是缺点。另外，约20%的子女，是异性别拷贝，即儿子拷贝母亲的指责型人格，女儿拷贝父亲的指责型人格。比如，父母离婚，儿子从小被判给母亲抚养，母亲是指责型人格，儿子潜意识拷贝对象没有父亲，这种情况下儿子潜意识主要拷贝母亲，儿子也特别容易成为指责型人格。还有，剩余10%的子女，是父母谁也不拷贝，其潜意识批评表扬模式是从社会而来。

第二，来源于过往生活经验。比如，个体潜意识中价值感严重不足。早年受到父母过多批评甚至家暴，受到老师过多批评，或者在长大之后，受到社会过多批评，青少年时代有过巨大的失败经历形成创伤，并进入潜意识……这些过往经历都有可能导致个体潜意识中自我价值感严重不足。于是，在有安全感的情况下，大量批评他人，显示自己高人一等，如果是没有安全感，不敢直接批评对方，也会在心中暗暗批评他人，以获取价值感。

第三，来源于工作环境。比如，青少年时代并没有指责型人格，成年后做了质量检验员，专门负责找毛病，业绩显著，进而晋升为质控总监，强化机制非常明显，个体感到找人毛病好处巨大，进而形成指责型人格；或者做了检察官，成绩斐然，不断升迁，而且工作思维泛化到生活中，导致工作生活不分，总是用警惕的眼光看着周围的人，容易注意配偶、孩子的缺点，形成指责型人格。

指责型人格非常稳定，它不是意识层面的观念问题，而是深层潜意识问题，要做大量反省、学习和自我改造，才可以缓解问题。

作为指责型人格的亲朋好友是非常痛苦的。指责型人格的妻子、丈夫、孩子、父母、下属、合作伙伴、情人、兄弟、好友是很倒霉的。无穷无尽的批评会从各种匪夷所思的角度向他们涌来。指责型人格的亲密人群得心身疾病的概率也比社会平均水平高。

带有指责型人格特征的人，也是失眠、抑郁症、焦虑症、高血压、糖尿病、皮肤病、癌症等各类心身疾病喜欢光顾的对象。

如前文一再提到的，指责型人格的人感恩心差，因为潜意识中关注焦点是他人的缺点，散发出来的潜意识很难调动周边社会支持力量来支持他的事业和生活，导致运气差。

指责型人格极端案例

列举一些在指责型人格当中也算是极端水平的案例。

案例一：

一个人手机掉地上，万幸手机没有摔坏，他很庆幸、很开心。极端指责型人格者会敏锐地发现这位同学的问题，他会直言不讳地告诉这位同学：手机掉地上没摔坏，说明你矮。

案例二：

有人在2020年新年宣誓道：我一定要努力奋斗，今年一定可以咸鱼翻身！指责型人格者会真诚地指出：咸鱼翻身，还是咸鱼！

案例三：

极端指责型人格者的老公打了个饱嗝，她会对老公说：味儿这么大，还不如对我放个屁呢！

案例四：

老公在家里唱歌，极端指责型人格者会在老公面前丢个钢镚儿。

案例五：

极端指责型人格者的一位长相一般的女同学说：天这么黑了，我走回去，会不会遇到流氓对我非礼啊？极端指责型人格者会回答：你做梦！

案例六：

师弟问极端指责型人格者师兄说："有人说我闷骚，你觉得我闷骚吗？"师兄回复："你不闷！"

改变指责型人格是可以做到的,但要花大工夫。以下是给指责型人格者的处方:

(1)认真学习本节,做笔记,写出学习心得;

(2)以本书为基础,家庭成员学习讨论反省,几家共学效果更好;

(3)学习身心柔术;

(4)深度催眠多次,调整潜意识。

第二节　控制型（无才型）人格批判

认识控制型人格

> **控制型人格：**领导欲望特别强烈，喜欢当家作主。控制型人格按照对外部是否增加正向效应，分为有才型控制人格和无才型控制人格两种。

有才型控制人格是指领导欲望强烈，又有和领导欲望相匹配的领导才能，这样的人是优质的人才，对组织、社会是有利的。比如，一家企业高层领导经过层层选拔之后，出任公司管理岗位，具备领导一个部门或整个企业的能力。在强烈的领导欲望驱使下，他们发挥自己的领导才能，对自己所负责的团队给出计划、组织资源、推动执行。具备这种控制型人格的领导对外部正向效应是多面的。

与有才型控制人格对应的是无才型控制人格，也是本节的重点批判对象，即领导欲望很高，却没有领导才能的人。无才型控制人格有以下三个特点。第一，这类人的领导欲望常常无法从社会上得到满足，因此就把这种领导欲望施加到亲密人群身上，主要是家人身上。因为他们对家人有安全感，才可能实施这样的行为。对于距离远的人，因为安全感程度减弱，这种领导欲望程度也随之减弱。第二，当无才型控制人格没有办法做主时，内心失落感巨大，非常难受，负面情绪体验很高。第三，无才型控制人格最常见的例子是强势的母亲，常常给亲密人群带来巨大的灾难。当然，无才型控制人格也可以是男性，比如有的文职军官无下属可指挥，就训练老婆在家里向他敬礼。

据报道,某国有一男人,通过艰苦的训练,终于大功告成,每天上床之前,老婆都要"啪"地立正,向他敬个军礼!

恶性控制型人格的典型表现

恶性控制型人格主要有以下四种表现方式。

第一种,把自己的喜好向亲密人群推广。比如,自己喜欢吃这个菜,就强迫子女、老公也吃这个菜;自己喜欢这种颜色的衣服,就强迫子女、老公也穿这个颜色;自己喜欢这个头发款式,就强迫亲密人群也试这个头发款式;自己喜欢说话声音小小的,就强迫亲密人群说话声音也要小小的;自己喜欢某种人,就强迫儿子讨这样的人做老婆……

第二种,把自己的生活细节当作世界真理向亲密人群推广。比如,要求洗完手,必须甩三下把水甩掉,多一下或者少一下都不行;擦手用的纸必须折三下;女孩跑步时,喘气不能太大,否则像牛叫,影响女人形象……无才型控制人格由于在宏大的事情方面不懂,所以只能在细小的方面发挥领导才能。

第三种,在自己不懂的领域做决策。无才型控制人格还有一种表现形式是在自己不懂的领域做决策。比如,在家人需要医疗时,无才型控制人格会自己当医生。遇到自己或家人生病,无才型控制人格的第一反应不是去医院求助医生寻找解决方案,而是凭经验感觉或者道听途说自己给出治疗方案。很多时候疾病没有解决,反而会延误最佳治疗时机,导致疾病恶化甚至病人死亡。又比如,在事业发展上,控制型人格会帮子女强行安排工作,完全不考虑工作内容与子女兴趣及能力的匹配度,造成子女事业失败甚至产生心理疾病;或者过多介入子女开办的企业,在企业中给出大量指令和评价,严重影响企业日常经营。还有的无才型控制人格喜欢深度介入亲友的婚恋问题,对亲友自己喜欢的目标婚恋对象予以否定、打击,自己亲自上阵安排符合自己偏好的婚恋对象,导致亲友婚后生活极其痛苦。当然,除了上述这些领域,无才型控制人格还在股票、购房、教育深造、留学、移民等多个领域做决策。由于对这些领域知之甚少,决策失误率非常高。

第四种,永远把子女当小孩。把子女当小孩也是无才型控制人格常见的表现形式。很多无才型控制人格在子女成年后仍旧把他们当作10岁孩子来管理。成年子女出门了要报告行踪，晚上10点必须回到家里，大小决策必须上报等。口头上说是关心爱护，实质上是无才型控制人格为了满足自己的控制欲望。

无才型控制人格的表现形式可能是上述的一种或者几种。

无才型控制人格形成原因及危害

无才型控制人格的来源主要有两个方面。

一方面是基因因素。笔者认为，领导欲望是有基因因素作用的，这是大量观察的结果。但是，领导才能主要是基因因素、教育条件、锻炼机遇三方面共同起作用的结果。

特别要解释一下锻炼机遇。所谓锻炼机遇就是：人的领导才能是因为得到锻炼的机会，才能有所提高的。为什么大学学生干部到社会上以后事业成就更大？这是因为他超前锻炼！一进入社会，就有领导才能优势，容易拿到更多的锻炼机会，形成更强的领导能力，出现了强者愈强的马太效应。

另一方面，无才型控制人格也是70%模仿同性别父母的结果。如果父母中有一方志大才疏又喜欢当家作主，同性别子女容易拷贝学习。

但是，我们强调，第一条是主因，第二条是次要因素。

无才型控制人格会使得亲密人际关系空前紧张，远处人际关系不一定紧张，因为领导欲望的释放必须在有安全感的范围，非亲密人群不会理会他的领导，他也不敢去领导。这和有才型控制人格正好相反，由于有才型控制人格能力强，在社会上领导欲望已经得到充分满足，反而对亲密人群懒得领导了。此外，无才型控制人格由于亲密人群人际关系紧张，反过来又会影响自己的情绪，形成抑郁、焦虑等心理疾病，还容易产生高血压等心身疾病，严重的无才型控制人格还容易年纪不大就得癌症。

无才型控制人格可以缓解，但有一定难度，要花大工夫。那么，无才型控制人格如何进行调整缓解呢？笔者结合自己多年研究成果给出如下处方：

（1）养狗以满足部分控制欲，这条虽然有作用，但不会根本性地改变人格特征；

（2）引导无才型控制人格者从事教师职业；

（3）去跟所有认识的亲朋好友去讲无才型控制人格的危害；

（4）学习身心柔术；

（5）找附近专家做深度催眠；

（6）几个家庭共同学习本书及本节，并展开坦诚的讨论。

第三节　回避-拖延型人格批判

认识回避-拖延型人格

回避-拖延型人格：在遇到困难、问题与挫折时，会习惯性地、本能地、大量地以回避的方式应对，因此会与周围环境造成严重的不适应。

由于回避型人格不能及时处理生活问题，使问题堆积发酵，最终造成极强的负面情绪体验，有比社会平均水平更高的抑郁症及其他心身疾病发病率。

此类人格回避问题的主要方式有以下16种。

第一，行动拖延。就是通常所说的特别严重的拖拉病，但一般配合做工作计划、自我欺骗、宏大理想、过会儿就做的想象等平衡内心内疚。

第二，自我欺骗。以旁人看来不客观的方式欺骗自己，使自己感觉困难、挫折与问题不存在。比如，回避-拖延型人格的配偶出轨，他是看不见的，即使有明显的信号，也会被他歪曲成令人可以接受的东西。又比如，回避-拖延型人格第一次上女朋友家，未来岳母非常讨厌他，烧的菜都与"滚蛋"有关：汤圆、包子、虎皮蛋，但回避-拖延型人格者欢喜得很，在他看来，这是岳母希望一家人早日团圆。比如，肥胖的回避-拖延型人格者会自我安慰：胖好，刮台风时稳。

第三，空有宏大理想。以未来宏大的理想掩盖现在行动上的拖延，减轻自己的内疚感。比如，现在学习成绩很差，却赌咒发誓一定要考上清华大学。

第四，以计划代替行动。以做详细的工作计划代替行动，平衡自己的内疚感。公务员家庭的孩子尤其擅长此种方法。

第五，嗜睡。睡得特别多，是为了回避现实问题，潜意识"指挥"两眼一闭，问题皆无。

第六，归因朝外。就是找失败的原因时主要到外部找，都是父母的错、配偶的错、兄弟的错、同事的错、公司的错、机关的错……乃至社会的错。总之，不是自己的错，这样心里就舒服了点。

第七，随意撒谎。习惯性地以撒谎应对眼前困难，这种撒谎一般质量比较差，因此后面麻烦更多，比如骗父母说"作业已经做好了"，不管这种谎言是否容易马上被戳穿。有的人撒谎是经过认真思考的，质量偏高的，不属于这里所说的随意撒谎。

第八，喜欢做象征行为。只做实质行动里小部分的、容易做的行动做象征，以之代替实质行动。比如，面对考试，买许多参考书，代替认真学习，平衡自己的内疚。比如，男人不愿面对工作的艰难，缩回家里不外出工作了，于是装模作样地炒炒股，好像也在工作。再比如，深夜床上夫妻吵架，老婆大吼：我一分钟也不想看见你了，回避-拖延型人格老公立刻把灯拉黑了，觉得这是解决问题的正途。

第九，电子游戏成瘾。用电子游戏里的英雄形象补偿现实生活中的"狗熊"形象，特别喜欢玩电子游戏，是相当典型的回避-拖延型人格的特征。

第十，答非所问。回避-拖延型人格中至少有一半的人有答非所问的习惯，原因是直接回答问题有心理压力。比如，回避-拖延型人格者严肃地宣布：根据多年观察，我终于发现了股市的规律，就是有涨必有跌！

第十一，过度乐观。回避-拖延型人格的人常常夸大乐观的作用，表现为过度乐观。如果运气不好，回避问题导致问题积累发酵严重，又会变为极度悲观，即抑郁症。

第十二，形式主义。以喊口号、刷标语、开会议、让大家填表格……代替实际行动。

第十三，爱做白日梦。部分回避-拖延型人格喜欢做白日梦，想象自己未来功成名就、众星捧月的样子，麻醉自己，以逃避现实问题。

第十四，补偿反应。这类人非常希望好好学习，却又不愿意奋斗，于是找一个学霸女朋友或者学霸老婆补偿自己。非常希望创业发财，但是不愿意吃创业的苦，或者创业失败了不敢再尝试，于是在自媒体上发表无人看的财经小说聊以自慰。阳痿了，不是勇于接纳自己，或者积极治疗，而是"黄话连篇"，表现得好像很好色的样子。特别想找女朋友，又没有勇气，于是拼命地给网红女主播打赏。

第十五，抓次放主。优先解决次要问题，把主要问题放一边，原因是主要问题难解决，次要问题容易解决。比如，饭店亏本，主要原因是厨师长选错了，回避-拖延型人格的人会真心认为亏本的主要原因是菜谱的名字没取好，于是卤猪耳朵改名波格儿，红烧猪蹄改名走在乡间的小路上，仿佛这样就可以万事大吉。

第十六，行为退缩。遇到困难、压力、挫折，个体行为向低年龄方向转变，以孩子的方式应对成人的问题。比如，遇到单位辞退，干脆不上班了，不去找工作了，龟缩在家里，整天琢磨彩票中奖规律，仿佛是在工作，或者研究股票市场的规律、期货赚钱法则、张献忠长江沉宝何处、蒋氏家族民族振兴基金解套方案等这些不着边际的事情。龟缩在家里，是典型的退缩行为。

回避-拖延型人格不一定会全部采用上面的回避方式，但会用其中的一种或几种。

回避-拖延型人格形成原因及危害

笔者倾向于认为回避-拖延型人格没有基因性。回避-拖延型人格的主要来源有两个。

第一个来源是对同性别父母的模仿。回避-拖延型人格的父母之一或者两个都有回避-拖延型人格，于是70%的回避-拖延型人格潜意识里学习拷贝其父母的回避-拖延型人格。

第二个来源是个体人生体验中有以回避方式应对问题获得重大好处的体验。比如，一名回避-拖延型人格者因为其行为拖拉，没赶上飞机，其家人为此还和他吵架，结果飞机失事了。他庆幸不已，从此，从一般的拖拉行为变成严重的回避-拖延型人格。

回避-拖延型人格在特殊的情况下还会成为职场优势，这主要出现在某些国家的某些政府机构。这些机构有着拖拉、敷衍、淡化、形式主义的组织文化。回避-拖延型人格被贴上了成熟、稳重的标签，倒有不少反而因此升迁的；相反的,勇于面对问题、锐意进取的人反而升不上去。

回避-拖延型人格不一定发展成抑郁症。比如,他的运气比较好,人生比较顺利,严重的问题不多;又比如,嫁了个好老公,对方是一个超级行动主义者,把问题弥补了,那么生活也是快乐的;或者成了某个机构的公务员,回避-拖延人格反而成了优势,人生倒也是幸福的。不过,多数回避-拖延型人格最终生活状态很糟糕,年龄越大,积累的问题越多,苦恼越多。

回避-拖延型人格极端案例

回避-拖延型人格的极端案例如下,

案例一:

父亲问回避-拖延型人格的儿子:"康熙雄才大略,八岁就做皇帝管理天下,儿子,对此你有什么感想吗?"

回避-拖延型人格的儿子答:"那是他爹死得早!"

案例二:

失恋的回避-拖延型人格男子喜欢吟这类诗:

当心爱的女人披上了婚纱,

伤心欲绝的我披上了袈裟!

案例三:

改不掉麻将癖好的回避-拖延型人格者,对三国演义三顾茅庐的读书体会是:为什么刘备三顾茅庐? 那说明,三缺一是一件多么痛苦的事!

仔细研究西游记连续剧里面沙僧挑的担子是什么:"肯定不是衣服! 剧里从头到尾衣服都没换。肯定不是吃的! 一路四人都是化缘的。一定是麻将! 正好四个人嘛。说明搓麻将有助于伟大事业的成功!"

总之,回避-拖延型人格者很容易将自己的不良行为合理化。

改变回避–拖延型人格是可能的。最根本的是本人必须从灵魂深处进行真正的深刻反省。笔者给回避—拖延型人格的纠偏处方是：

（1）深刻地学习本节，放下心理防御，深刻反省自己的过失；

（2）把自己的近期目标向亲朋好友广而告之，比如，学生可以向亲友公告：我期末成绩要提高5个名次，如果我做不到，你们都不要给我压岁钱；

（3）组织小讲座，你自己做讲师，以本节为教材，宣讲回避–拖延型人格的危害性；

（4）尽可能地抄写本节；

（5）几个家庭共学本节或本书，各自谈体会，防止自我欺骗；

（6）多多练习各类身心柔术，行意合一，让行和意互相影响、互相强化、互相支撑；

（7）由专家做深度催眠调整潜意识。

第四节　计较型人格批判

认识计较型人格

计较型人格：此类型人格的人，对微小的物质利益和微小的精神利益的得失看得很重。

相信大部分人周围都或多或少地存在这种人格类型的人，他们的愤怒、生气、抱怨，往往可能就仅仅是因为你在给他们红包时，比别人少给了一分钱。或者，仅仅是因为你在跟他们说话的时候声音稍稍高了一个分贝……

总之，一些常人根本都不会去注意的事情，在他们眼里却是很大的事。

只要跟他们待在一起，你必须紧绷着自己的神经，稍有不慎，你可能就会陷入无尽的深渊之中。

此类人最大的特点就是——凡事斤斤计较。这样的人，容易产生烦恼，进而导致抑郁症、焦虑症、失眠、高血压、糖尿病、皮肤病、肠胃病、甲状腺类病、风湿类病、便秘、心脏病等心身疾病，也增加了年纪轻轻就患上癌症的概率，即疾病的发生率会大幅度上升。

同时，这类人容易跟周边的朋友亲人搞不好关系，因此容易人际关系紧张。人是一个群体性的生物，一旦一个人与周边环境不能和谐相处的时候，他的环境适应就会出现问题，这也容易导致这类人情绪体验负面，心身疾病发生率会大幅度上升。

注意，斤斤计较不仅是指物质与精神方面的计较，还包括对面子、亲近程度

（争宠或吃醋）、安全感、权力、机会、地位等方面的计较。

只要跟他们待在一起，你就会常常听到：

"为什么他有机会晋升，而我却没有？"

"为什么他开会的时候可以坐在老板旁边，而我却不能坐老板身边？"

"为什么你只是当众批评我，却不当众批评他？"

"我跟他一起完成的这个项目，为什么老板只表扬他，而对于我却只字不提？"

......

究其原因，中国人斤斤计较的风气很盛，首先这可能是文化因素；其次从历史上看，中国人曾经历了刻骨铭心的贫穷，贫穷经历已经进入了许多人的潜意识；最后，中国人口众多，资源相对贫乏，机会也相对贫乏，养成了国人对于利益得失非常看重的习惯。

计较型人格极端案例

笔者多年来从事此方面的心理学研究，遇到过许许多多因斤斤计较而产生严重心身疾病的案例。

案例一：

一位五十余岁得癌症并且有抑郁症的妇女，她得抑郁症在前，得癌症在后，和亲人的人际关系很紧张，她的斤斤计较给我留下了无比深刻的印象。她曾经有这样的事例：晚上十一点四十分的时候把老公和孩子从床上赶下来泡方便面吃，为什么呢？因为她突然想起到十二点钟方便面的保质期就到了。

案例二：

一位退休的妇女，抑郁症兼风湿类病和皮肤类病，家庭关系十分紧张，更糟糕的是老公也被她弄成了抑郁症，造成这些问题的主因就是斤斤计较，比如她不顾口形不同，竟然提议和老公共用一副假牙！

案例三：

一位年纪四十多岁就得癌症兼焦虑症的患者，他还有糖尿病，家庭关系也十分紧张，他的斤斤计较的事例也是匪夷所思的。他为了省钱，把全家的尿混在一起去检测糖尿病，美其名曰：如果没有阳性指标，就说明全家人都没有糖尿病！

案例四：

有位患者，年纪轻轻就得了癌症，兼患强迫症，无比斤斤计较。他是这样教育自己的孩子的："孩子啊！过日子是有窍门的，如果客人来了，菜不够，怎么办呢？加盐！"他的精神果然被他的女儿所继承，过春节，他女儿收了很多红包，舅妈开玩笑说："给我一个红包吧！"他女儿默默地把红包中的钱拿出，真的把红包给了舅妈。还有一次，他女儿收红包时还用验钞机验了验真假，估计他女儿的人生一定也会很苦的。

案例五：

笔者一个学生的老婆，患有焦虑症兼高血压和风湿类疾病，无比斤斤计较，家庭关系十分紧张，心情烦闷，丈夫是老板，丈夫赚的钱全归其支配。早年丈夫就因为给自己爸妈买了一辆小车，差点闹成离婚。现在小车已经用了十几年了，有点坏了，公公抱怨车子声音太响。这个儿媳妇亲热地、孝顺地、体贴地送上了一副耳塞子。

案例六：

还有个人，四十岁得了甲状腺癌，兼高血压糖尿病，原因是抠门无比，他外出公差，住星级宾馆，看见宾馆里的饮料很贵，每瓶10元，而外面市场上只要每瓶4元，于是外出花4元钱买了一瓶同样的饮料，和宾馆里10元一瓶的饮料对换，觉得占了很大的便宜。

案例七：

有个学生报告说他的配偶过于抠门，送其配偶到课堂来学习和改造思想。这个人和家人的关系也十分紧张,还有皮肤病,一只耳朵也听不清了,斤斤计较得出奇,她在课堂上竟然提出:"我有一只耳朵听不清,所以我申请听课学费减半。"

斤斤计较,不仅是物质层面的,也可以是精神层面的。随着中国社会的发展,经济越来越繁荣,走进小康生活的家庭比比皆是,农村同样在这种社会主义改革的浪潮下越来越富有。所以,现在农村家庭妇女自杀,很少有生活困难导致的,多半是因为旁人的闲言碎语:

> 笔者曾接到过一个紧急电话,某学生的农村亲人喝农药自杀了,该亲人在面子上十分斤斤计较。我赶紧叫人去查他买农药的时候是否讨价还价。情报传来,他买农药的时候拼命地讨价还价。笔者就放心了,他死不了的。一般而言,人有求生本能,自杀的人并非只想死,而是想死和想活两种意识同时存在,人在自杀的一刹那,求生本能会强烈涌现,更何况这个人买农药时还杀过价。如果一个人真的一心想死,他还会管什么价格,就算这个农药要花费他一个月的工资,他也会毫不犹豫地将其买下来。后来情报传来,因他喝农药太少,果然没死。

总的来说,计较型人格是可以改变的,需要认真反省。笔者给计较型人格开出如下处方:

(1)以本书为基础认真地进行自我反省;

(2)以本书为基础,组织家庭学习反省讨论会,几个家庭共同讨论效果更好;

(3)学习身心柔术。

(4)找附近专家做深度催眠多次;

(5)做家庭管理心理学宣讲师,以讲促改;

(6)故意把字写大,写成1.5厘米左右的大小。

第五节 钻牛角尖型人格批判

认识钻牛角尖型人格

钻牛角尖型人格：钻牛角尖型人格是指责型人格的一种特殊形式，主要是注意力集中于小概率事件，注意力不容易转移，并且喜欢批评人，喜欢抬杠，导致个体跟社会严重不适应。他们很多时候是意识不到自己问题的严重性，甚至当别人指出来你是在钻牛角尖，他也会铿锵有力地反驳道，你才钻牛角尖。

钻牛角尖型人格除了具备指责型人格的共性特征（详见本书"指责型人格批判"的章节）之外，还拥有以下 7 个特殊的特征。

第一，钻牛角尖型人格关注点多数集中于小概率事件。比如，小孩子问：狗有几条腿呢？一般我们都会说：狗有四条腿啊。钻牛角尖型人格的人会说："你说得不准确，狗也有 5 条腿的，我上次在畸形动物园就看到了 5 条腿的狗。狗还有 3 条腿的，我在农村里就看见过 3 条腿的狗，一条腿被别人砍了。"确实，从钻牛角尖的角度，你不能说他错了，这类小概率事件是存在的，但这样沟通，非但不会把事情搞明白，而且还会把人搞糊涂。比如，5 岁的孩子问爱钻牛角尖的爸爸："爸爸，狗有几条腿啊？"爸爸回答："狗嘛！有时是 3 条腿，有时是 4 条腿，有时是 5 条腿。"这样的牛角尖教育，不是把孩子教得更明白了，反而是把孩子给教糊涂了。再比如，当你在和钻牛角尖型人格的人说："很多人切洋葱时，眼睛经常会被辣得流泪。"对方会说："不一定是洋葱辣得眼睛流泪，也可能是切到手指了。"这样的沟通是很困难的。

第二，钻牛角尖型人格者注意力不容易转移，导致特别容易以偏概全，视角集中在某一点或某几点来评判某个人或事的好坏。

钻牛角尖型人格的人看人常常偏差很大。事实上，我们说某个人好或坏时，不是通过某一点或某几点来评判的，而是要整体地、全面地看待人或事的好与坏。比如，某个人做了50件事情，其中43件事做的是对的，有7件事情做错了，而且不是十恶不赦的错误，都是一些在常人看来即使做错了也不会有极大的损害的事情，是可以原谅的。钻牛角尖型人格的人容易关注到这7件错误的事来定性这个人是坏人。相反，如果某个人做了50件事情，其中43件事做错了，7件做对了，钻牛角尖型人格的人也很有可能只关注到这7件对的事情，来定性此人是好人。钻牛角尖型人格者关注人的优点或缺点是没有方向性的，完全在于首先看见什么。看见以后就死盯着好或坏不放，看不见其余的信息。

第三，钻牛角尖型人格的人经常会抓次要的事情。比如，笔者曾经碰到过这么一位老师，他是中学化学课老师，关键是他在大学学的是物理学专业兼修化学，而且他也很喜欢物理，在我们想来，毕业后如果做老师，正常都是会教物理课程，可是为什么他却教了化学呢？原来当他到这个中学时，发现物理教研室的门正对着厕所，于是在当校长问他是教化学课程还是物理课程时，他坚决地选择了教化学课程，因为化学教研室门不对着厕所，从此以后就一直教化学，为了如此次要的问题放弃了自己喜欢的物理。

第四，钻牛角尖型人格的外在表现形式是特别喜欢抬杠。最喜欢说的语言是"这不一定哦"之类。我们经常会碰到当你跟钻牛角尖型人格的人在说一个社会普遍现象的时候，他会经常真心地、不知不觉地举出小概率事件来反驳你。

比如，别人说：接受高等教育对人生成功、人生幸福很重要。钻牛角尖型人格者就反驳说：你错了，比尔·盖茨大学没毕业。他人说：上海很漂亮。钻牛角尖型人格者就反驳说：你说得不对，上海也有很多贫民窟。他人说：工作敬业是社会生存的基本条件。钻牛角尖型人格者就反驳说：你胡说，某某著名公司员工累得跳楼了……

第五，钻牛角尖型人格的人给人感觉是超级固执，非常不接受他人劝说，一旦拿定主意，不撞南墙不回头，不见棺材不掉泪，不到黄河心不死，非得吃极大的苦头才会改变。熟悉他的人，如父母、亲朋好友、同学、恋人、同事等，常常会对他的评价是：倔脾气、犟、倔驴、犟头倔脑、驴脾气等之类的语言。

第六，钻牛角尖型人格的人在对待他人的态度上还有一个特点：对你好时热情如火，想尽各种办法对你示好，但可能因为一个意想不到的原因，突然转向，变得冷若冰霜，态度的变化差异非常大，即"热如火，冷如冰"。

　　笔者的一个学生便是典型的钻牛角尖型人格，他爱上了一个女孩子。这名女孩子是个美籍华人，他为了这个女孩子，抛弃了党委副书记的工作，甚至准备抛弃国籍，到美国去创业，可谓爱得发狂。后来这个女孩子把他们同居屋子里的乌龟扔掉了，这个学生竟然情绪发生巨大变化，认为怎么可以这样对待一条生命，立刻和女孩子分手，而且在三天之内，换掉手机号，换掉微信号，换掉QQ号，换掉住处，切断一切联系渠道，新住处和原住处相距60公里，这段狂热的恋情立刻冷如冰霜。

第七，钻牛角尖型人格者的选择性遗忘程度远高于平常人。钻牛角尖型人格者对于自己不利的事情经常比平常人更快、更容易忘记，这种忘记不是撒谎，而是真真正正地忘记，对于自己有利的事情常常记得特别牢。比如，你对钻牛角尖型人格的老婆说："你以前用诸如……，难听的语言骂我，是非常不对的！"老婆很可能跳起来说："我什么时候这么骂过你，我怎么不记得？"要知道，她不是在撒谎，她是真真正正地忘记了。

钻牛角尖型人格极端案例

下面再举一些在钻牛角尖当中也算极端水平的案例。

案例一：

　　有同学买了个耳机，塞到耳朵里试听，发现有一个耳机没声音，于是抱怨道："这家店真差，给我的耳机左边没有声音。"钻牛角尖型人格者会在旁边亲切地纠正他的思维错误："你作为鞠教授的学生，思维应该严谨，不能有漏洞，你怎么就轻率地下结论说这家店太差了呢？也许是你左耳朵聋了呢！要查一查,你也太不严谨了!"

案例二:

极端钻牛角尖型人格者对同学说:"你没刷牙吧,嘴巴里有股韭菜味儿!"

同学答:"我肯定刷了牙,骗你我就是小狗!"

极端钻牛角尖型人格者说:"那你一定用了韭菜味的牙膏!"

案例三:

同学说:"申请吉尼斯纪录是很难的!"

钻牛角尖型人格者说:"难什么难!砍棵树,两头削尖,就可以申请世界上最大的牙签!在地球任何一个地面上刨三个小洞,三根手指伸进去,就可以申请世界上最大的保龄球!"

这类人格可以改变,就是要花大工夫修炼,我们给出的处方是:

(1)认真学习本节内容,深刻反省自己的钻牛角尖型人格;

(2)组织几个家庭或者一个家庭以本书为内容共同学习、反省、总结提高,几个家庭学习比一个家庭学习效果更好,学习时未成年孩子不参加;

(3)学习身心柔术;

(4)找附近专家做深度催眠多次。

第六节　面子至上型人格批判

认识面子至上型人格

面子至上型人格：在个体的价值排序中,维护自己的面子或者证明自己是正确的,排在极其前面,甚至是第一位,为实现此目标对外界信息进行高度扭曲,自我欺骗,在行为上表现为极强的固执性,以前后一致的行为来表明自己的正确性。

面子至上型人格的表现形式有如下11种。

第一,极其重视他人的评价。他们视他人的评价为生命的最重要意义或者非常重要的意义,获得他人赞扬后,情绪极其高昂,得知他人批评后,情绪极其低落或反应极大,这种反应程度是远超社会平均水平的。面子至上型人格者尤其重视领导、老师、长辈等权威人物的评价。

第二,非常重视炫耀性的品牌消费。为了买LV包,可以几个月省吃俭用。到高档旅游线路游玩,拼命拍照发朋友圈,唯恐他人不知自己去旅游了。房子很破,但首先攒钱买好车、好手机、真皮服装。

第三,非常重视获取各种头衔,在名片上印一大堆头衔,如董事长、会长、班长、甚至中学班主任……为了获取头衔,不惜花费许多资源。

第四,指导孩子的人生发展,不知不觉地把孩子的职业发展是否能让自己有面子放在首位考虑。假如孩子天性喜欢学厨艺,那是不允许的,必须去学金融,这样说出来好听、有面子,至于孩子是否痛苦,不是不考虑,但与面子相冲突时,面子更重要。

第五,从来不承认自己的错误,或者承认自己的错误万分困难。对外部的信息进行歪曲理解,最后的结论总是:都是你的错,不是我的错。

第六,在外人面前,大肆吹嘘自己的子女如何优秀、如何杰出、如何卓越,但是当着子女的面,批评子女缺点多多。这是因为,在外人面前吹嘘子女,是为了自己面子好看,在子女面前批评极多,是为了表明自己英明、伟大、正确。

第七,对他人的批评,可以记住很多年,怀恨在心,久久难以释怀。极端的还用小本子记下,或者用网络日记记下,一旦有机会报复,就狠狠地整一下对方。

第八,选择恋爱对象,首要考虑的是是否拿得出手,长得是否让人看得起,至于两人是否能幸福相处,反而放在了第二位或者更后面。

第九,选择工作种类,首要考虑的是是否脸面光彩,甚至连收入高低,都放在第二位考虑。比如,笔者曾碰到一个面子至上人格者,处心积虑寻找一个给省政府提供会议服务的工作,主要是给省领导倒茶送水、安排座次、做笔录,仿佛和领导走得近,可以对熟人讲一些上层小道消息,特别有面子,他是硕士学历,竟然每月只拿3 000元的工资,反而怡然自得得很。

第十,虽然自己懂得并不多,却特别喜欢做他人的老师,指导他人的工作、学习、生活。由于经常决策失误,而且非亲人是不会喜欢这位懂得不多的老师的,于是只能做亲人的老师,经常把家人的生活搅得一团糟。

第十一,对于拍马屁有异乎寻常的需求。面子至上型人格者对马屁的需求,不但数量大,而且质量要求高,永无止境。对会拍马屁的人,一律视为好人,不会拍马屁的,一律视为坏人。

面子至上型人格者并不一定具备上面的所有表现形式,一般只具备了上面的部分或者某条,甚至上面一条也没有列举到,但只要符合定义,就是面子至上型人格者。

面子至上型人格形成原因及危害

面子至上型人格者会存在严重的社会适应不良,给自己造成巨大的麻烦。

首先,多数面子至上型人格者的家庭关系非常糟糕,而且亲近人际关系特别紧张,本人负面情绪体验较多,自身容易患很多心身疾病,如下列的一种或若干种：抑郁症、焦虑症、强迫症、风湿性关节炎、高血压、糖尿病、心脏病、慢性结肠炎、慢性胃溃疡、腰痛、头痛、心因性皮炎甚至各类癌症。

其次，面子至上型人格者喜欢替家人以面子为导向做生活决策，强势控制家人生活，导致家人遭遇许多麻烦。面子至上型人格者的家人，得心理疾病的比例要大大高过社会平均水平。

第三，由于面子至上的价值观，经常不知不觉地入侵决策，必然导致决策失误非常多，所以面子至上型人格者事业很难做大，由于运气好偶然做大了，也容易崩溃。

第四，面子至上型人格者，做领导时，下面庸才多，马屁精多，这类领导本质上是不喜欢人才的，人才会给面子至上型人格者很大的心理压力。

第五，面子至上型人格者，感恩心差，因为承认别人的恩惠是掉面子的。这样，他就难以调动周边人群支持他的积极性，帮他忙的人少，人生机会偏少，事业不容易成功。

形成面子至上型人格的原因有哪些呢？

首先，是由于自己内心价值感极低。面子至上型人格者表面可能是自尊的，实际是极度自卑的，并不接纳真实的自己。这多与早期的生活有关，比如困苦而卑微的幼年经历、指责型人格的父母、青年时代巨大的失败，或者幼年是"文革"时代的黑五类子女等。关于这一点，本人可能是自知的，也可能是不自知的。

其次，出生于父母从事比较看重面子的职业的家庭，也是形成面子至上型人格的重要原因。特别是出生于演员家庭、教师家庭、画师家庭、靠选举获官的家庭等，父母都是靠他人评价吃饭的，所以孩子容易受到面子教育：他人的评价非常重要。其变换说法有："人活一口气，树活一张皮"；"人穷没关系，但是要骨气"；"人不可以有傲气，但不可以没傲骨"；"人做事要么不做，要做一定要成功"……有多种说法，听上去似乎挺正能量的，其实都是面子第一。

第三，在现实工作中，收益的多寡主要取决于他人的评价，如女网红、西方政客等。也许本来没有面子观过重，但工作不知不觉把他改造成面子至上型人格者。

第四，父母之一或全都是面子至上型人格，同性别子女潜意识不知不觉模仿而来。

那么,如何改变面子至上型人格者?

首先这需要深切的反省,要有灵魂深处的自我洗刷,认真地想想自己的生活、工作、感情中麻烦的根源出于何处,反省的工夫是很重要的,但是面子至上型人格者反省工夫特别差,他们反省的结果,常常是"我没错,都是别人错了"。

如果真的想改变面子至上型人格,就必须做到:

(1)反复阅读本节;

(2)还须反复抄写"我的价值不是建立在别人变化多端的评价上,这些评价的变化,既不会增加我的一分价值,也不会减少我的一分价值,他人的评价变了,我还是我!我要做我自己";

(3)多多练习各类身心柔术,行意合一,互相影响,互相强化,互相支持;

(4)组织小讲座,你自己做讲师,以本节为教材,宣讲面子至上型人格的危害性;

(5)组织几个家庭一起学习本书,逐章讨论,效果比较好。

图书在版编目(CIP)数据

家庭管理心理学/鞠强著. —上海：复旦大学出版社，2020.8(2021.12 重印)
ISBN 978-7-309-15102-2

Ⅰ.①家… Ⅱ.①鞠… Ⅲ.①家庭管理学-管理心理学 Ⅳ.①TS976-05

中国版本图书馆 CIP 数据核字(2020)第 100479 号

家庭管理心理学
鞠 强 著
责任编辑/宋朝阳

复旦大学出版社有限公司出版发行
上海市国权路 579 号 邮编：200433
网址：fupnet@ fudanpress. com http://www.fudanpress.com
门市零售：86-21-65102580 团体订购：86-21-65104505
出版部电话：86-21-65642845
上海丽佳制版印刷有限公司

开本 787×1092 1/16 印张 17.25 字数 280 千
2021 年 12 月第 1 版第 3 次印刷
印数 8 201—11 300

ISBN 978-7-309-15102-2/T・675
定价：48.00 元